Progresser en tournage

Yves BAUSWEIN

Professeur agrégé à l'IUT de Metz

Ingénieur mécanicien

Remerciements

L'auteur tient à remercier :

- monsieur André Alves, responsable des domaines honoraire à l'Ecole Nationale Supérieure des Arts et Métiers, pour la relecture de l'ouvrage,

- monsieur Jean Bardelli, technicien d'usinage à l'IUT de Metz, pour ses critiques constructives et son expérience,

- monsieur Cédric Frayard, professeur agrégé à l'IUT de Metz, pour ses suggestions et son éternelle bonne humeur,

- la société Dassault Systèmes SA, pour l'autorisation de publier les dessins techniques créés avec le logiciel Solidworks, dont l'auteur recommande l'usage,

- le département Génie Mécanique et Productique de l'IUT de Metz, pour les crédits photographiques.

Avertissement

Le tournage est une activité dangereuse. Elle peut entraîner des blessures graves ainsi que des dommages matériels importants. C'est pourquoi il est recommandé de réaliser les exercices présentés sous la direction d'un professionnel de l'usinage.

Conseil

Tous les professionnels compétents aujourd'hui doivent leur réussite à leur motivation et leur curiosité. Aussi, soyez curieux et ne négligez aucune source d'information et d'apprentissage. Les sources suivantes, de grande valeur, sont consultables sur Internet et compléteront ce manuel à la perfection :

- les videos en ligne de l'AFPA usinage
- le forum de passionnés : https://www.usinages.com

Table des matières

chapitre 1   Le tour conventionnel   4

chapitre 2   L'organisation du travail   11

chapitre 3   Les paramètres de coupe   38

chapitre 4   Les prises de pièce   48

chapitre 5   L'isostatisme en tournage   70

chapitre 6   Les opérations extérieures   75

chapitre 7   Les opérations intérieures   87

chapitre 8   A vous de jouer   109

Bibliographie   113

Voici un tour parallèle à charioter et fileter :

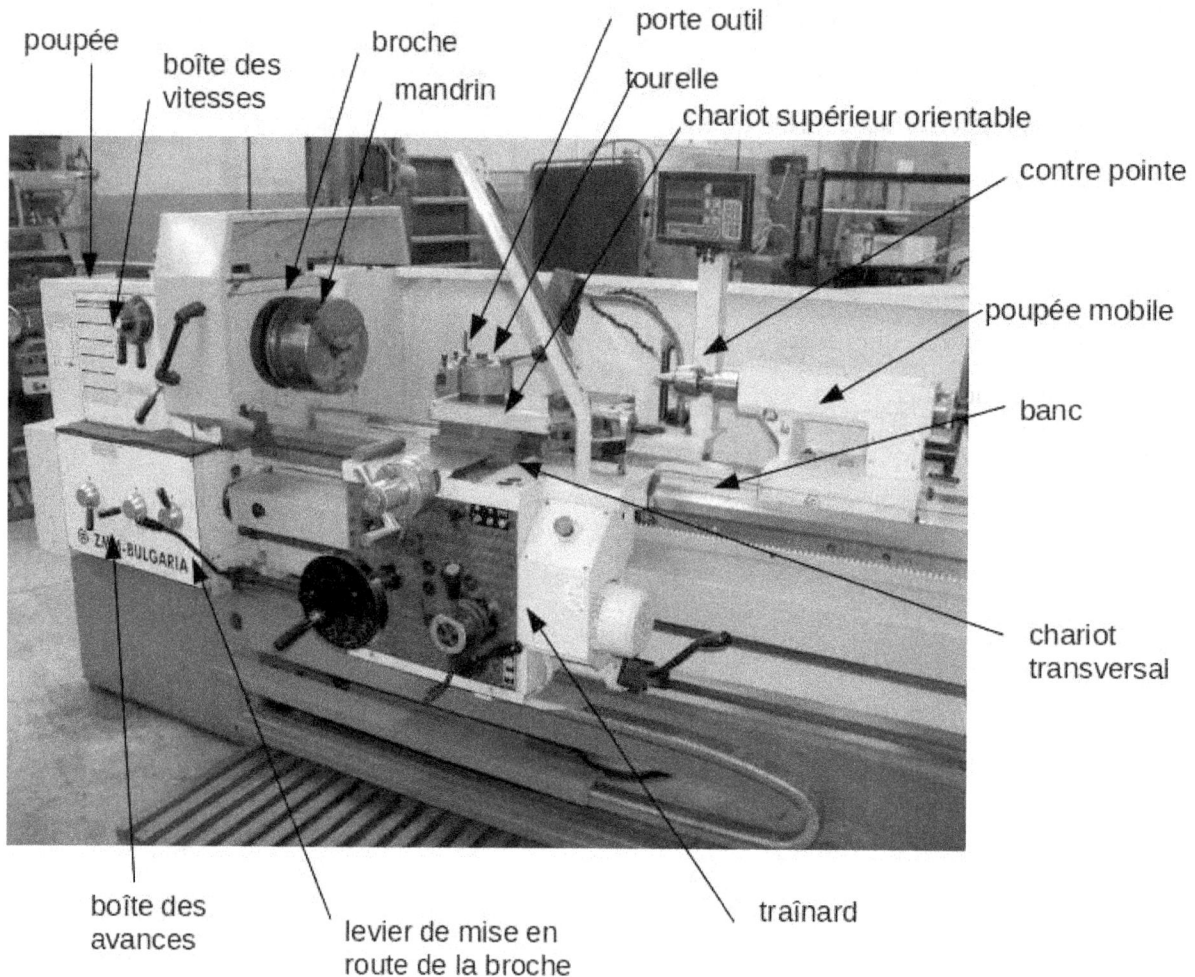

La pièce, serrée dans le mandrin, tourne à la vitesse que vous avez choisie dans la boîte des vitesses, généralement entre 20 et 2000 tours/minute. On dit que la pièce a le mouvement de coupe : en effet, c'est elle qui tourne vite, l'outil (ou burin) se déplaçant très lentement.

La forme donnée à la pièce est déterminée par la trajectoire de l'outil. Comme celui-ci est monté sur la tourelle, elle même montée sur le chariot supérieur orientable, lui-même monté sur le chariot transversal qui est monté sur le traînard, la trajectoire d'outil peut être très variée et la forme de la pièce aussi. Par exemple, si le traînard se déplace sur le banc, la trajectoire de l'outil sera parallèle à l'axe broche - contre-pointe et la forme obtenue sera un cylindre. La trajectoire de l'outil vous permet de voir l'avancement du travail : c'est pourquoi on dit que l'outil a le mouvement d'avance.

Voici la boîte des vitesses et la boîte des avances :

Sur la plupart des tours, le moteur entraîne la boîte des vitesses qui entraîne ensuite la boîte des avances : la vitesse d'avance de l'outil est liée de ce fait à la vitesse de la broche. Vous choisirez donc des avances en mm/tour et non en mm/min.

leviers de la boîte des vitesses

tableau des avances

leviers des avances

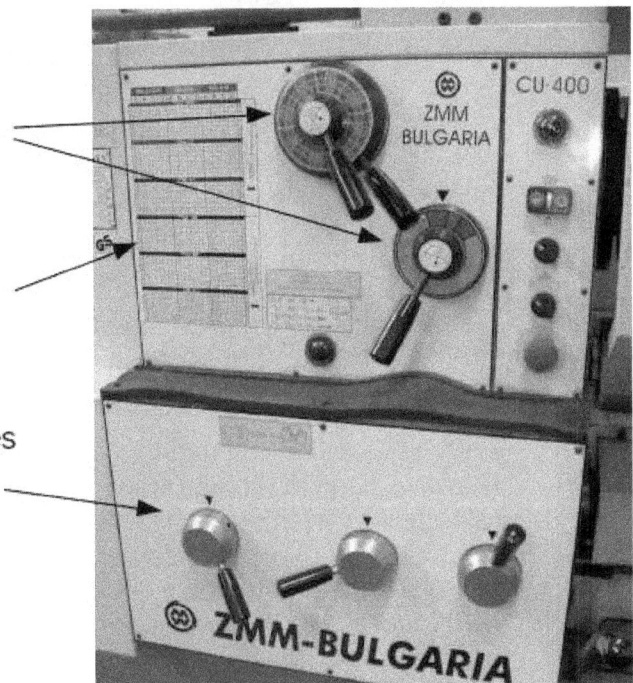

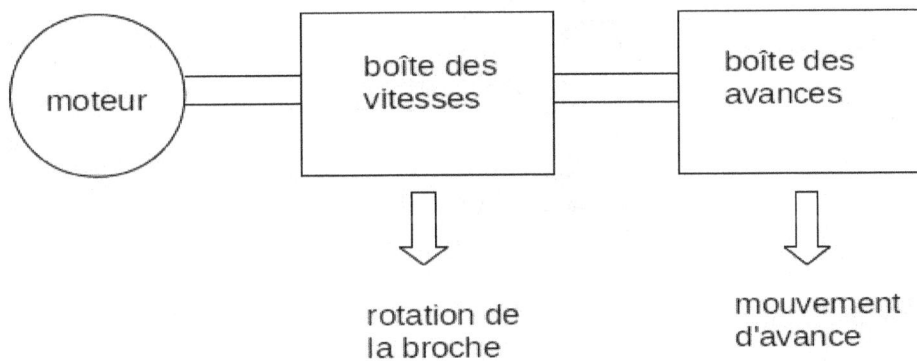

Prenons un exemple : si vous choisissez une vitesse de broche de 630 t/min et une vitesse d'avance de 0,2 mm/tour, votre outil avancera à :

0,2 mm/ tour * 630 tour/min = 126 mm/min.

Les leviers de la boîte de vitesses indiquent d'une part le secteur 31,5/ 125/630 et la zone bleue : c'est donc la vitesse de broche de 630 t/min qui est choisie.

La même couleur bleue se retrouve dans le tableau de la boîte des avances : c'est donc dans la première des trois colonnes du tableau qu'il faudra choisir l'avance souhaitée.

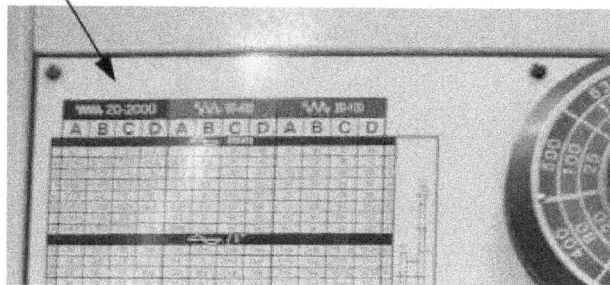

L'avance de l'outil peut être faite suivant un axe parallèle à la broche (il est convenu de l'appeler l'axe Z) ou un axe perpendiculaire à l'axe de la broche (il est convenu de l'appeler X) ou encore d'une combinaison des deux (une spécialité des tours à commande numérique). De plus, chaque déplacement de l'outil suivant un axe peut se faire suivant deux sens : si l'avance écarte l'outil de la broche, il s'agira du sens positif (X+ ou Z+); si l'avance rapproche l'outil de la broche, il s'agira du sens négatif (X- ou Z-). Le mouvement des axes se fait en deux temps :

- un temps de réglage pendant lequel vous tournez les manivelles pour régler la position de l'outil que vous souhaitez,

- un temps d'usinage pendant lequel, généralement, le mouvement d'avance est automatique (réglage fait sur boîte des avances).

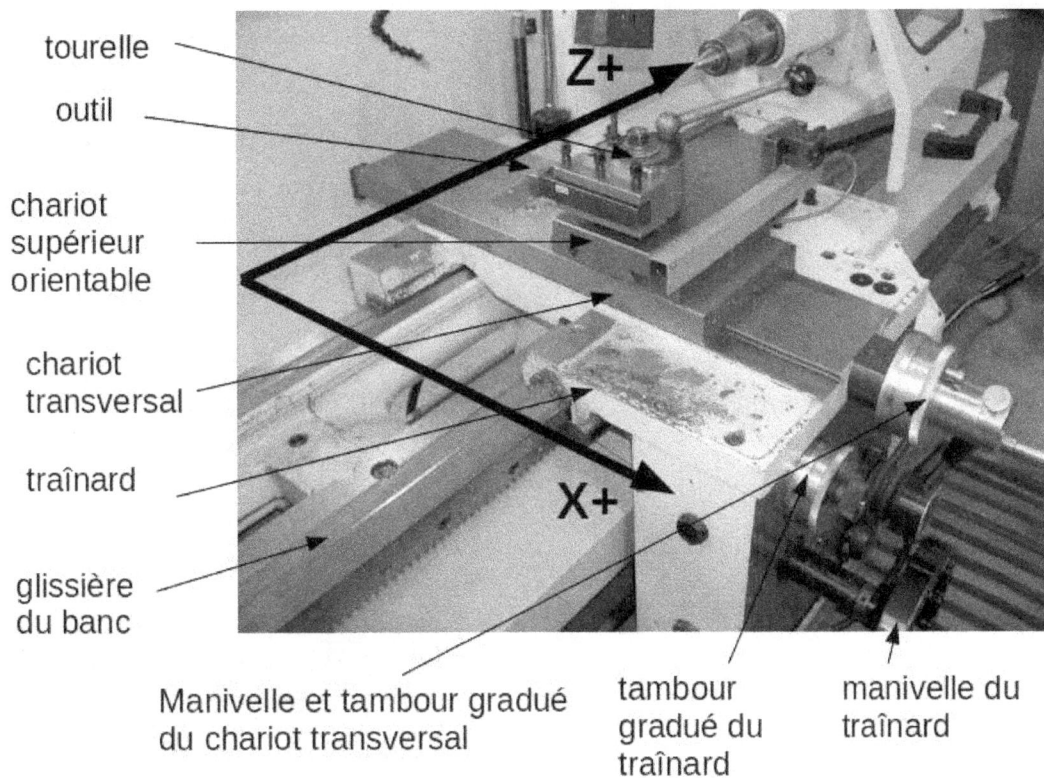

tourelle
outil
chariot supérieur orientable
chariot transversal
traînard
glissière du banc

Z+

X+

Manivelle et tambour gradué du chariot transversal

tambour gradué du traînard

manivelle du traînard

Prenons un exemple : en tournant la manivelle du chariot transversal, vous positionnez l'outil à une certaine distance, suivant l'axe X, de l'axe de la broche : c'est le réglage.

Puis, vous démarrez la broche et embrayez l'avance suivant Z : c'est l'usinage. Comme l'outil se déplace parallèlement à la broche, vous obtenez un cylindre.

Un tour parallèle est capable, même lorsqu'il est déjà usé, de réaliser de cotes très précises, qui correspondent à un indice de qualité 7 dans la norme ISO.

Voici une manivelle de chariot transversal :

Le tambour est chiffré en millimètres et gradué par 5/100 mm.

Il y a 20 graduations par mm. De plus, le vernier au 1/10 permet, en théorie au moins, de multiplier par 10 la précision du réglage.

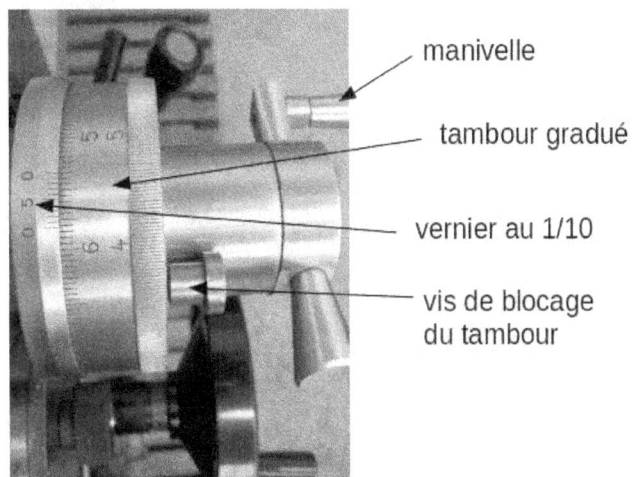

manivelle
tambour gradué
vernier au 1/10
vis de blocage du tambour

Les mécaniciens ayant l'habitude de parler en diamètres et non en rayons, les tambours de chariots transversaux indiquent des diamètres.

Notez la vis de blocage du tambour : une fois votre réglage effectué (5,35 mm sur la figure), vous pouvez maintenir votre manivelle, remettre le tambour sur zéro et le bloquer avec la vis. N'oubliez pas de bloquer le tambour avec la vis après l'avoir remis à zéro. Ceci s'appelle « remettre le tambour à 0 » : vous en ferez dès le premier exercice.

Voici un exemple de levier d'avance automatique : il vous permet d'embrayer l'avance automatique de l'outil suivant les axes X ou Y et ce dans les deux sens.

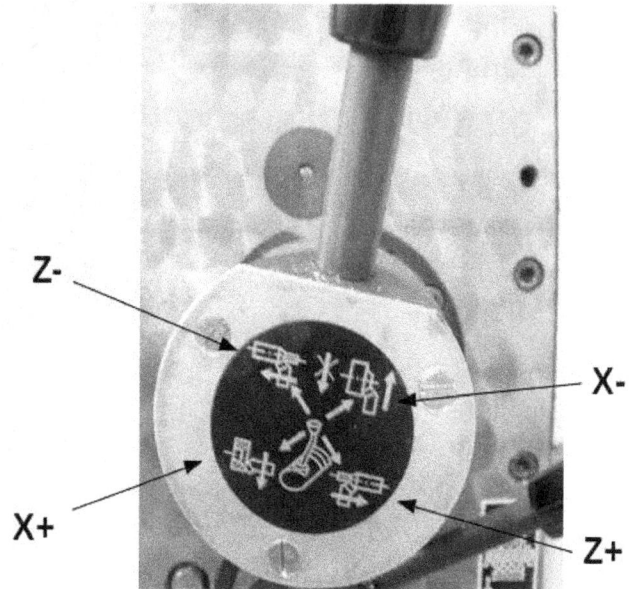

Vous aurez aussi à installer, régler et changer les outils. Voici la tourelle porte-outils :

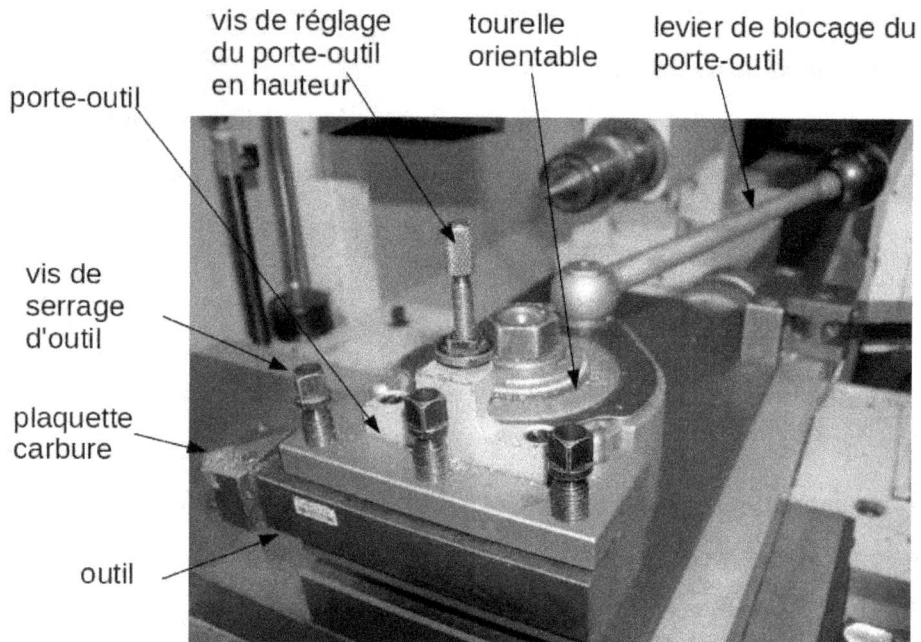

A quelques exceptions près, la pointe de l'outil devra toujours être dans le plan horizontal contenant l'axe de broche. C'est pourquoi il faut toujours régler la pointe de l'outil à la même hauteur que la contre-pointe, ce qui se fait avec la vis de réglage du porte-outil en hauteur. Ceci fait, il suffit de bloquer le porte-outil sur la tourelle à l'aide du levier de blocage.

Un autre élément utile est la poupée mobile (photo ci-dessous) : celle-ci est rigoureusement dans l'axe de la broche. Lorsque vous aurez à usiner des pièces longues, la poupée mobile et sa contre-pointe vous permettront de maintenir la pièce dans l'axe de la broche et vous gagnerez en précision. De plus, si vous enlevez la contre-pointe pour mettre un foret, la poupée mobile vous permet de percer la pièce dans l'axe de la broche. C'est pourquoi la poupée mobile est dotée d'une manivelle : le foret étant monté dans le fourreau à la place de la contre-pointe, en tournant la manivelle, vous sortez le fourreau de la poupée et le foret pénètre dans la pièce.

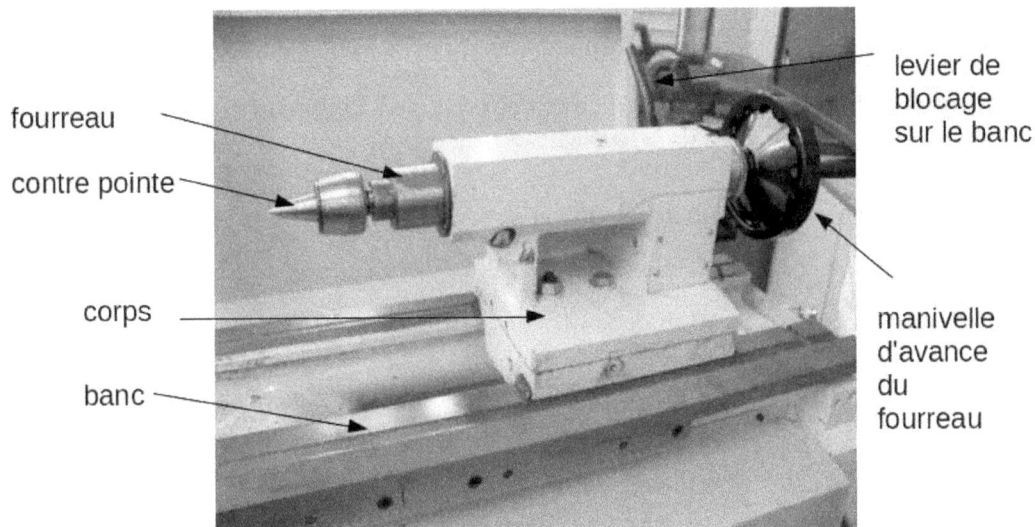

Voici un premier exercice pour prendre le tour en main :

1) Avec la manivelle du traînard, écartez la tourelle du mandrin d'environ 50 cm. Reculez la tourelle avec la manivelle du transversal. Allumez votre tour et réglez la vitesse de broche à 630 t/min (dans tous les exercices du livre, si vous n'avez pas la vitesse exacte sur votre tour, vous prendrez la vitesse immédiatement inférieure). Mettez la broche en marche. Appuyez sur l'arrêt d'urgence.

2) Dévérouillez l'arrêt d'urgence, remettez votre tour sous tension.

3) Réglez la vitesse de broche sur 315 t/min. Repérez comment inverser le sens de rotation de la broche. Mettez la broche en marche. Arrêtez la broche. Faites tourner la broche en sens inverse; arrêtez la broche.

4) Sur la boite des avances, choisissez 0,2 mm/t. Mettez le tambour du chariot transversal à zéro. Mettez la broche en marche. Embrayez l'avance en X-. Observez ce qui se passe. Débrayez et arrêtez la broche.

5) Avez-vous pensé à bloquer le tambour du transversal avec sa vis de blocage? Si vous avez oublié, refaites la manipulation n°3.

6) Réglez la vitesse de broche sur 900 t/min, mettez le tambour du traînard à zéro, mettez la broche en marche et embrayez l'avance en Z+. Le traînard bouge-t-il? Le chariot transversal bouge-t-il? Embrayez l'avance en Z -. Débrayez. Arrêtez la broche.

7) Réglez la vitesse de broche sur 40 t/min. Embrayez le traînard en Z-. Y a-t-il une différence avec la question précédente? La broche toujours tournante, débrayez puis embrayez en Z+. Observez. Débrayez.

8) Repérez la barre de frein sous le traînard. Appuyez dessus. Éteignez votre tour.

9) Il y a trois manières d'arrêter la rotation de la broche : lesquelles?

Réponse à la question 9 : mettre le levier de broche en position centrale (ou, sur certains tours, appuyer sur le bouton arrêt); appuyer sur la barre de frein; appuyer sur le bouton d'arrêt d'urgence.

La page suivante vous propose le dessin technique d'un arbre. Tout travail de fabrication s'effectue en quatre temps :

- analyser, discuter le dessin,

- établir la gamme de fabrication,

- fabriquer,

- contrôler.

Nous allons respecter cet ordre.

2.1 Analyse / discussion du dessin

Un dessin technique ayant la nature juridique d'un contrat, il oblige le fabricant envers le donneur d'ordre. Il faut donc comprendre tout ce qu'il y a sur un dessin avant de s'engager.

Si le dessin pose un problème sérieux de fabrication, il faut en discuter avec le donneur d'ordre (client) *avant* la signature : dans les faits, il est courant de discuter les dessins avec les clients. Pour ce premier exercice, l'auteur a enlevé toutes les difficultés, de sorte qu'il n'y a plus qu'à analyser le dessin et notamment son cartouche. Il apparaît :

- une matière : S235. C'est un acier courant de construction mécanique. La désignation des matières est normalisée et suit la norme française (NF) qui s'est harmonisée en 1992 en une norme européenne (EN). En cherchant sur Internet, vous trouverez qu'il s'agit de la norme NF EN 10025 et les fabricants d'acier vous proposent une fiche technique complète sur ce matériau.

- une rugosité arithmétique de 1,6 micron (Ra 1,6). La rugosité est importante en mécanique : un joint en caoutchouc, par exemple, se détériore très rapidement si la surface sur laquelle il glisse est trop rugueuse. C'est pourquoi, selon l'usage prévu de la pièce, une rugosité maximale est portée sur le dessin.

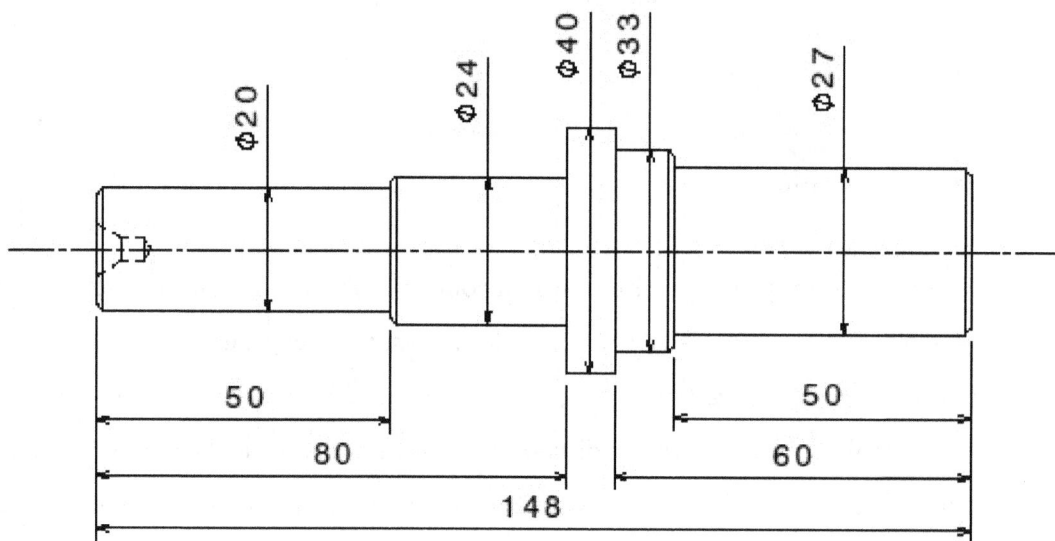

Φ20 Φ24 Φ40 Φ33 Φ27

50

80

148

50

60

chanfreins 1 mm à 45 °

rugosité des cylindres:Ra 1,6

brut: diamètre 40 x 150mm

Dessiné par:		
Y.Bauswein	**mon premier arbre**	
Date:		
2015		
A4		
Echelle:	Tolérance générale:	Matière:
1:1	ISO2768f	S235

12

- une tolérance générale : ISO 2768-f. Même si la fabrication est très soignée, les cotes obtenues ne seront JAMAIS exactes. Chaque dimension est donc affectée d'une tolérance qui est la plage dans laquelle le client s'estime encore satisfait. **Toutes les cotes qui ne sont pas tolérancées sur le dessin suivent la tolérance générale**. Une cote sans tolérance est irréalisable.

Prenons un exemple : sur le dessin, aucune cote n'est tolérancée : toutes les cotes suivent donc la tolérance générale. Le cartouche indique une classe de précision « f » pour les dimensions. En utilisant le tableau qui suit, la cote de 80 mm (entre 30 et 120) devient $80 \pm 0,15$ mm. La cote de 8 mm à côté devient $8 \pm 0,1$ mm.

Norme ISO 2768 : tolérances générales

La norme ISO 2768 est une norme internationale spécifiant les tolérances générales des pièces mécaniques concernant les tolérances dimensionnelles et géométriques. Les tolérances dimensionnelles et angulaires sont indiquées par une lettre minuscule f, m, c, v qui définit la classe de précision désirée par le client. Les tolérances géométriques sont indiquées par une lettre majuscule H, K, L qui définit la classe de précision souhaitée.

Tolérances dimensionnelles en mm

classe de précision	Dimension linéaire					Angle cassé (chanfrein ou rayon)			Dimension angulaire (côté le plus court)			
	>0,5 à 3 inclus	>3 à 6	>6 à 30	>30 à 120	>120 à 400	>0,5 à 3 inclus	>3 à 6	>6	≤10	>10 à 50 inclus	>50 à 120	>120 à 400
f (fin)	±0,05	±0,05	±0,1	±0,15	±0,2	±0,2	±0,5	±1	±1°	±30'	±20'	±10'
m (moyen)	±0,1	±0,1	±0,2	±0,3	±0,5	±0,2	±0,5	±1	±1°	±30'	±20'	±10'
c (large)	±0,2	±0,3	±0,5	±0,8	±1,2	±0,4	±1	±2	±1°30'	±1°	±30'	±15'
v (très large)	—	±0,5	±1	±1,5	±2,5	±0,4	±1	±2	±3°	±2°	±1°	±30'

Tolérances géométriques mm

classe de précision	Rectitude - Planéité					Perpendicularité			Symétrie			Battement
	≤10	>10 à 30 inclus	>30 à 100	>100 à 300	>300 à 1000	≤100	>100 à 300	>300 à 1000	≤100	>100 à 300	>300 à 1000	—
H (fin)	0,02	0,06	0,1	0,2	0,3	0,2	0,3	0,4	0,5	0,5	0,5	0,1
K (moyen)	0,05	0,1	0,2	0,4	0,6	0,4	0,6	0,8	0,6	0,6	0,8	0,2
L (large)	0,1	0,2	0,4	0,8	1,2	0,6	1	1,5	0,6	1	1,5	0,5

2.2 La gamme de fabrication

La **gamme de fabrication** décrit la méthode selon laquelle la pièce sera fabriquée. Elle est découpée en phases qui sont découpées en sous phases, elles mêmes détaillées en opérations.

2.2.1 Une phase : le tournage

Généralement, la pièce circule dans l'atelier entre les différentes machines. Sur chaque machine, l'opérateur usine et, de temps en temps, change la pièce de position pour réaliser de nouveaux usinages etc. Une **phase** est l'ensemble des opérations réalisées sur une même machine. Pour l'exercice, toutes les surfaces peuvent être tournées : il n'y a donc qu'une seule phase, la phase tournage.

2.2.2 Etude des sous phases

Pour étudier les sous phases, nous allons utiliser la fiche technique page 37.

Numérotation des surfaces à usiner

Toutes les surfaces à usiner sont numérotées sur le dessin ci-dessous :

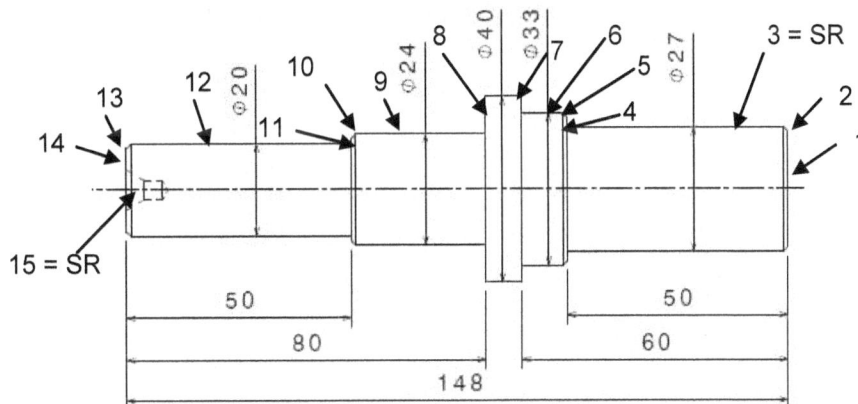

Liste des surfaces faisables sans démonter la pièce

En serrant le brut dans le mandrin sur le Ø 40 mm, il est possible d'usiner les surfaces 1, 2, 3, 4, 5,

15

6 et 7 sans démonter la pièce. Des surfaces sont dites *surfaces associées* si elles peuvent être usinées sans démontage de la pièce. Elles seront fabriquées dans une même sous phase : une *sous-phase* est l'ensemble des opérations réalisées sans démonter la pièce.

Associer des surfaces est parfois très important : chaque démontage de pièce crée une erreur de positionnement. Si vous souhaitez une grande qualité de géométrie entre deux surfaces (par exemple, deux cylindres coaxiaux) il faut les usiner sans démonter la pièce. Ce n'est malheureusement pas toujours possible. Dans tous les cas, **lors d'une fabrication, il faut éviter autant que possible de démonter la pièce**. En effet :

Un démontage = des erreurs

Les surfaces 8, 9, 10, 11, 12, 13, 14 et 15 peuvent être réalisées sans démonter la pièce : ces surfaces sont des surfaces associées et forment une sous-phase. Il y a donc deux sous phases à priori.

Chronologie des opérations.

Reste à ordonner les sous-phases : par laquelle commencer? Si vous commencez votre travail en usinant la partie droite de la pièce, vous pourrez après serrer sur un gros diamètre (Ø 27 mm) pour usiner des petits diamètres (Ø 20 mm et Ø 24 mm) : vous n'aurez pas à serrer la pièce trop fort dans le mandrin et elle ne glissera pas. Si, au contraire, vous commencez par usiner la partie gauche, vous devrez après serrer sur un plus petit diamètre (Ø 24 mm) pour usiner de gros diamètres : vous risquez de devoir serrer très fort la pièce dans le mandrin et de la marquer. N'est-ce pas dommage de marquer une surface que vous venez de réussir?

Liste des sous phases dans l'ordre de réalisation

Conclusion :   sous-phase 1 : surfaces 1, 2, 3, 4, 5, 6 et 7
                      sous-phase 2 : surfaces 8, 9, 10, 11, 12, 13, 14, 15

Nous obtenons le dessin suivant :

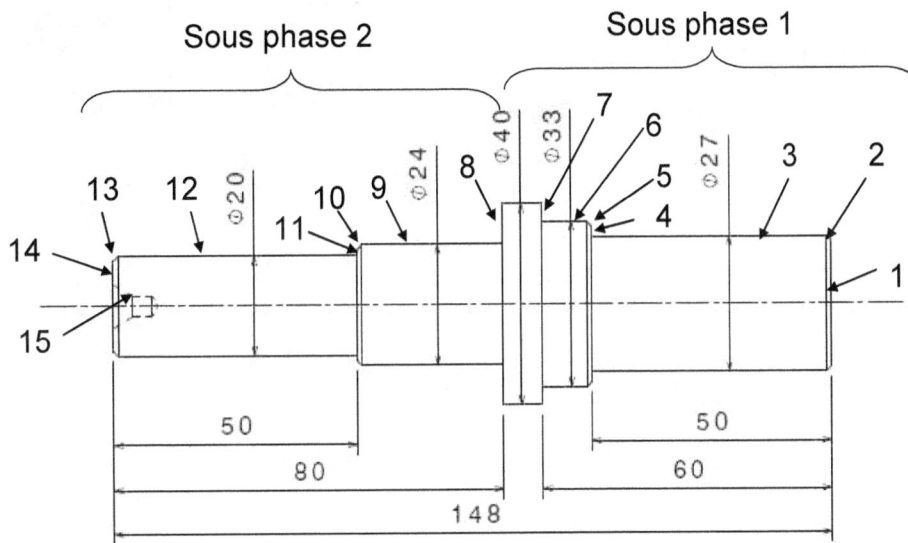

2.3 La fabrication

2.3.1 Travail préparatoire

- Montez la pièce dans le mandrin

Nous allons positionner la pièce dans le mandrin en utilisant la technique du *centrage long* : la pièce est prise dans le mandrin sur une longueur supérieure ou égale au diamètre (>40 mm dans notre cas) pour bien la guider. En absence de serrage, la pièce peut seulement glisser selon Z (une translation possible) et tourner selon Z (une rotation possible). Avec le serrage, plus aucun mouvement n'est possible. Sur la feuille d'instructions détaillées, ce positionnement est représenté de façon normalisée par les 4 flèches 1, 2, 3, et 4 (norme NF E 04013).

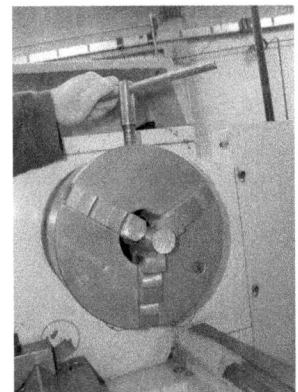

Sur l'image ci-dessus, vous remarquerez que la pièce ne dépasse pas beaucoup du mandrin: plus la pièce est sortie, plus il y a un risque de faux rond. Laissez-la sortir de 30 mm environ puis serrez. Une fois la pièce serrée, enlevez la clé : sinon, elle s'envole au démarrage et peut faire très mal.

- Choisissez l'outil

Choisissez le bon outil : outil à charioter dresser coudé à droite (image ci-contre). Il est dit à charioter car si le chariot longitudinal (ou traînard) se déplace, entraînant l'outil vers la gauche, il permet d'obtenir des cylindres; Il est dit à dresser car si le chariot transversal se déplace, rapprochant l'outil de l'axe de la broche, il permet d'obtenir des faces planes perpendiculaires à l'axe de la broche; Il est dit à droite car, lorsqu'il rentre dans la pièce, il vient de droite.

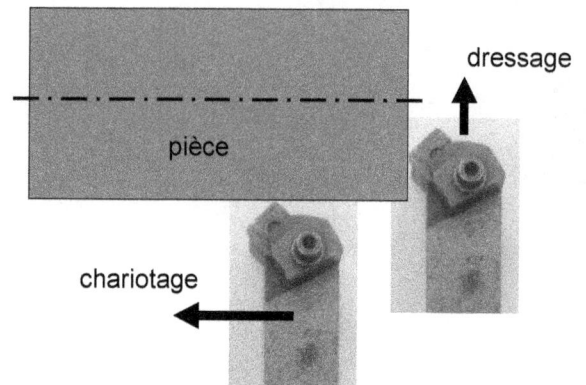

- montez l'outil sur le porte outil

Montez l'outil sur le porte-outil en limitant le porte à faux : laissez dépasser l'outil de 30 mm environ, cela suffit. Un outil qui dépasse de trop est un outil qui va vibrer : la qualité du résultat sera mauvaise. Serrez l'outil à l'aide des vis de serrage.

- Montez l'outil sur la tourelle

Montez le porte-outil sur la tourelle. La tourelle étant orientable, vérifiez que le porte-outil est perpendiculaire à l'axe de la broche.

- Réglez la hauteur de l'outil

Réglez la hauteur de la pointe d'outil à celle de la contre-pointe (sauf exception) à l'aide de la vis de réglage du porte-outil en hauteur. Pour cela, rapprochez la poupée mobile et avancez la tourelle avec la manivelle du chariot transversal, comme sur la photo. Ce réglage doit être assez précis car sinon, votre outil ne pourra pas usiner jusqu'au centre de la pièce. Bloquez la tourelle avec le levier de blocage.

- Sélectionnez la vitesse de broche

Pour le premier usinage, une vitesse N de 800 t/min est choisie si l'outil est une plaquette carbure, 400 t/min si l'outil est en acier rapide.

- Sélectionnez la vitesse d'avance

La vitesse d'avance f de l'outil pour l'opération 1 est de 0,15 mm/tour pour un outil à plaquette carbure ou 0,05 mm/tour pour un outil an acier rapide supérieur (ARS). Mais la première opération sera de dresser (rendre perpendiculaire à l'axe de broche) la surface 1. Or, une plaque sur la boite des avances indique que l'avance en dressage est égale à 0,5 fois l'avance en chariotage (figure). Donc, pour obtenir 0,15 mm/t en dressage, il faut régler 0,3 mm/t sur la boite des avances.

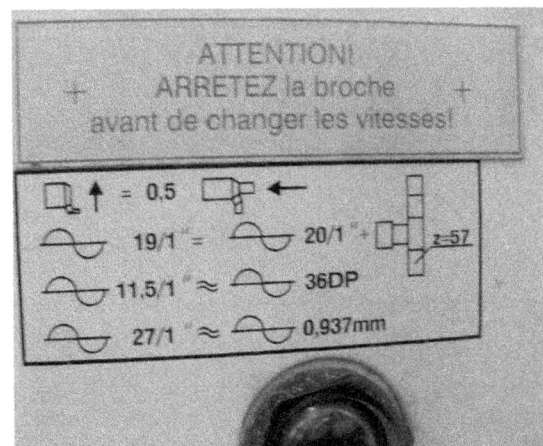

Pour les exercices suivants, vous ferez attention à arroser l'outil à l'huile de coupe (lubrification) si celui-ci est en acier rapide. En effet, l'acier rapide perd sa dureté s'il est trop chaud. Il existe une exception : il n'est pas nécessaire d'arroser l'outil en ARS (acier rapide supérieur) si vous usinez de la fonte grise : le graphite lamellaire de la fonte grise est un bon lubrifiant (il existe même des graisses au graphite), ce qui diminue le frottement et l'échauffement de l'outil. Si vous utilisez des outils en carbure (tel que sur les figures) il vaut mieux éviter l'arrosage classique : il peut provoquer un choc thermique et casser l'outil.

2.3.2 Dressage de la face 1

Les instructions concernant les opérations d'usinage sont rassemblées sur des feuilles d'instructions détaillées. Les explications, quant à elles, forment le texte du livre. Dans les ateliers de fabrication, les feuilles d'instructions détaillées sont d'autant plus précises que les opérateurs sont peu qualifiés et la quantité de pièces à produire importante. A l'opposé, pour une pièce unique confié à un ouvrier professionnel, le dessin technique suffit généralement.

Remarque : dans l'ensemble de l'exercice 1, les cases « V m/min », « N t/min » et « A mm/min » des feuilles d'instructions détaillées comportent deux chiffres :
- le grand chiffre doit être pris si l'outil est une plaquette carbure,
- le petit chiffre doit être pris si l'outil est en acier rapide.
Il y a de grandes chances que votre boîte de vitesse ne propose pas le chiffre exact : dans ce cas, vous règlerez la valeur immédiatement en dessous.

feuille d'instructions détaillées : sous-phase n°1

opération	désignation	schéma	outils	p mm	V m/min	N t/min	f mm/t	A mm/min
1	dressage finition	Ø40	à charioter dresser à droite	1	40	315	0,2	63

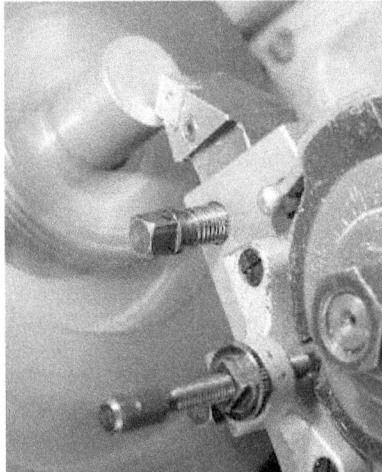

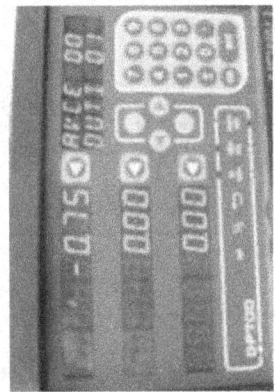

Faites tourner la broche,

Approcher doucement l'outil de la surface 1 (comme sur la photo) avec les manivelles du traînard et du transversal,

Avec la manivelle du traînard, effleurer la pièce avec l'outil : une très légère marque doit apparaître. On appelle ça *tangenter la surface*. Sans bouger le traînard, remettre son tambour à zéro (ou Z de la « visu »),

Bouger le traînard de quelques mm vers la droite (Z+) puis reculer l'outil avec la manivelle du transversal (X+): on appelle ça *dégager l'outil*,

Revenir à zéro avec le traînard puis le déplacer de 1 mm vers la gauche avec la manivelle: on appelle ça *prendre la passe*,

Embrayer l'avance automatique du transversal (X-): l'outil avance doucement vers la pièce et enlève p = 1mm

Au centre, débrayer l'avance, puis dégager l'outil, et arrêter la broche.

2.3.3 Chariotage de la surface 6 et dressage de la surface 7

Le prochain usinage est un chariotage (l'outil se déplace parallèlement à l'axe de la broche, le traînard a le mouvement d'avance) de longueur 60 mm. Desserrez la pièce du mandrin et sortez-la de 80 mm. Serrez la pièce et enlevez la clé.

- Enlevez le porte-outil précédent. Choisissez un outil couteau à droite (photo ci-contre). En effet, l'outil précédent ne permet pas d'usiner le coin entre les faces 6 et 7. Montez-le sur un porte-outil et insérez le porte-outil sur la tourelle. Réglez la hauteur de l'outil avec la contre-pointe et bloquez la tourelle avec le levier de blocage. Reculez la poupée mobile.

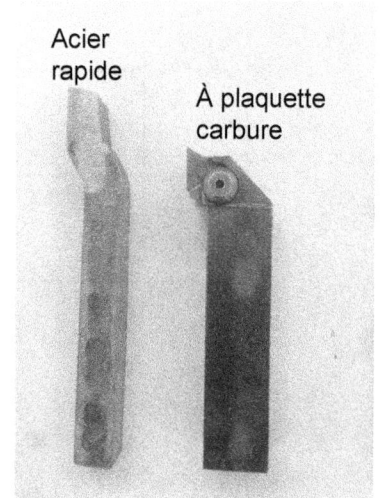

Acier rapide

À plaquette carbure

- Vérifiez que la vitesse de broche est la bonne.

- Sélectionnez la vitesse d'avance. En chariotage, la vitesse d'avance est effectivement celle indiquée sur la boite des avances : sélectionnez la vitesse de la feuille d'instructions page suivante.

- Etudiez la feuille d'instructions détaillées : c'est une opération de chariotage de la surface 6. Sur une longueur de 60 mm, il va falloir passer progressivement du diamètre 40 mm au diamètre 33 mm (la surface 3 sera usinée plus tard).

La profondeur de passe p = 1 mm signifie qu'à chaque usinage, l'outil va entrer dans la matière de 1 mm sur le rayon : le rayon de la pièce va diminuer de 1 mm et le diamètre de 2 mm. Pour passer de Ø 40 à Ø 33, il faudra 4 usinages (on dit 4 *passes*) :

Première passe : de Ø 40 à Ø 38,

Deuxième passe : de Ø 38 à Ø 36,

Troisième passe : de Ø 36 à Ø 34,

Une finition de Ø 34 à Ø 33 (profondeur de passe de 0,5mm)

sous-phase n° 1 opération 2

opération	désignation	schéma	outils	p mm	V m/min	N t/min	f mm/t	A mm/min
2	chariotage 6		outil couteau à droite	1	40	315	0,2	63

Mettre de la craie ou du feutre sur la surface 1.

Faire tourner la broche,

Approcher doucement l'outil de la surface 1 avec les manivelles du traînard et du transversal, puis venir tangenter la surface 1 avec le chariot supérieur (première photo). Sans rien bouger, remettre les tambours du traînard et du chariot supérieur à zéro (deuxième photo) (ou l'axe Z de la visu, troisième photo).

Dégager l'outil,

Approcher doucement l'outil du diamètre 40 avec les manivelles du traînard et du transversal, puis venir tangenter la surface avec la manivelle du chariot transversal (quatrième photo). Sans rien bouger, remettre le tambour du transversal à zéro (ou l'axe X de la visu), dégager l'outil en reculant avec le transversal.

sous-phase n°1 opération2 (suite)

opération	désignation	schéma	outils	p mm	V m/min	N t/min	f mm/t	A mm/min
2	chariotage 6		outil couteau à droite	1	40	315	0,2	63

Bouger le traînard vers la droite (jusqu'à Z=+10mm) puis avancer l'outil avec la manivelle du transversal jusqu'à X=0 (l'outil est tangent au diamètre 40), dépasser ce point en avançant encore de 2 mm (X= - 2mm): l'outil va enlever 2 mm sur le diamètre.

Embrayer l'avance du traînard vers la gauche (Z-): l'outil usine votre pièce.

Débrayer dès que l'outil a parcouru 55 mm environ puis continuer à la main au traînard, doucement, jusqu'à 59 mm (Z = - 59).
Reculer l'outil avec le transversal, déplacer le traînard vers la droite (l'outil doit dépasser la pièce).

Arrêter la broche (photo).

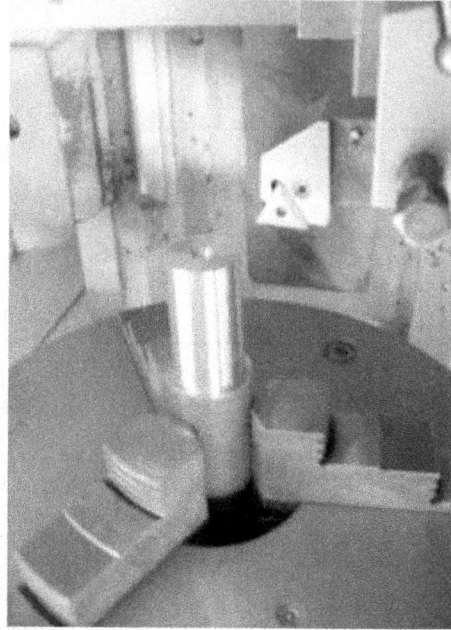

sous-phase n°1 opération2 (suite)

opération	désignation	schéma	outils	p mm	V m/min	N t/min	f mm/t	A mm/min
2	chariotage 6		outil couteau à droite	1	40	315	0,2	63

Bouger le traînard vers la droite (jusqu'à Z=+10mm environ) puis avancer l'outil avec la manivelle du transversal jusqu'à X= - 2 (l'outil est tangent à la passe précédente), dépasser ce point en avançant encore de 2 mm (X= - 4 mm) : l'outil va enlever 2 mm sur le diamètre, ce qui correspond à une profondeur de passe de 1 mm sur le rayon.
Mettre la broche en route, embrayer l'avance du traînard vers la gauche (Z-) : l'outil usine votre pièce.
Débrayer dès que l'outil a parcouru 55 mm environ puis continuer à la main au traînard, doucement, jusqu'à 59 mm (Z = - 59).
Reculer l'outil avec le transversal, déplacer le traînard vers la droite (l'outil doit dépasser la pièce).

Recommencer l'opération en enlevant de nouveau 2 mm sur le diamètre : lors du réglage, vous devriez trouver Z = 10 mm et X = - 6 mm.
Faire votre passe.

Terminer à la main, dégager l'outil et arrêter la broche.
Mesurer la longueur réelle au pied de profondeur et le diamètre au micromètre.

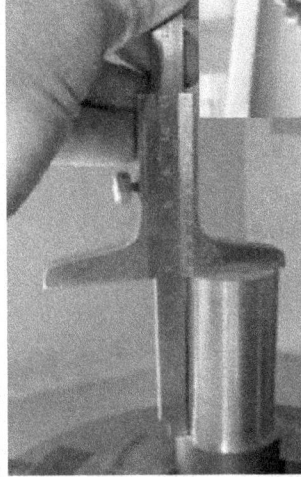

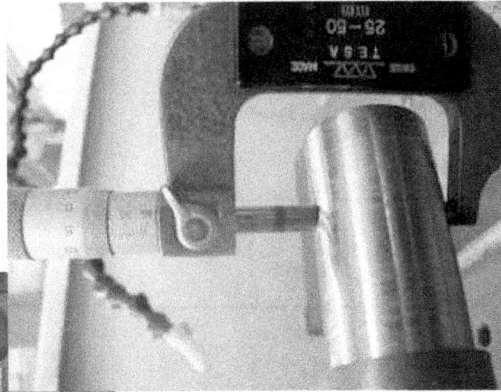

sous-phase n°1 opération2 (suite)

opération	désignation	schéma	outils	p mm	V m/min	N t/min	f mm/t	A mm/min
2	chariotage 6 finition dressage 7 finition		outil couteau à droite	calculée	50	400	0,1	40

Sélectionner les nouvelles vitesses de rotation de la broche et d'avance,

Calculer la profondeur de passe p = (Ø réel – 33) / 2

Calculer la pénétration axiale p' = 60 - cote réelle

Positionner l'outil à droite de la pièce (Z = environ 10 mm) et X = - 6 - p puis faire tourner la broche et embrayer,

Débrayer à Z = - 57 environ et terminer à la main jusqu'à Z = - 59 - p'

Faire reculer l'outil avec le transversal pour dresser la surface 7,

Dégager l'outil et arrêter la broche;

Contrôler les cotes obtenues.

A noter:

Le diamètre réel doit respecter Ø33 ± 0,15mm (tolérance générale ISO 2768 – f)

Supposons que vous êtes au diamètre 34,16 avant la finition: la passe p = (34,16 – 33) / 2 = 0,58 mm au rayon.

Sur le transversal, il faut tout de même entrer de 1,16 mm. Pour avoir le maximum de chances de réussir la cote, il faut viser le milieu de l'intervalle, c'est à dire Ø 33: cela permet de faire 0,15 mm d'erreur en plus ou en moins.

Supposons que la longueur réelle de votre chariotage soit de 59,11 mm.

La pénétration axiale p' sera p' = 60 – 59,11 = 0,89 mm.
En effet, 60 est le milieu de l'intervalle de la cote à obtenir, 60 ± 0,15 mm

3.4) Chariotage du cylindre 3 et dressage de l'épaulement 4

sous-phase n°1, opération 3, ébauche

opération	désignation	schéma	outils	p mm	V m/min	N t/min	f mm/t	A mm/min
3	chariotage 3, dressage 4		couteau à droite	1,25	55	500	0,2	100

Régler les vitesses de broche et d'avance,
Mettre la broche en marche,
Tangenter en X et remettre le tambour (ou la visu) à zéro,
Dégager l'outil (par exemple, X = 10; Z = 10),
Régler la passe de 1,25 mm: on obtient X = - 2,5
Embrayer l'avance du traînard,
Débrayer lorsque l'outil a parcouru 45 mm environ,
Finir à la main jusqu'à Z = - 49,
Dégager l'outil et arrêter la broche.

A noter: peut-être pensez-vous que les vitesses de coupe de l'exercice sont très lentes: vous avez raison! C'est un choix volontaire, le but étant d'apprivoiser la machine et non de se faire peur.

| | | | couteau à droite | 1,25 | 55 | 500 | 0,2 | 100 |

Faire une deuxième passe identique: l'outil est bien positionné si on obtient Z = 10 et X = - 5

sous-phase n°1, opération 3, finition

opération	désignation	schéma	outils	p mm	V m/min	N t/min	f mm/t	A mm/min
3	chariotage 3. dressage 4 finition		couteau à droite	calculée	55	630	0,1	60

Mesurer le diamètre réel et la longueur réelle.

Sélectionner les nouvelles vitesses de rotation de la broche et d'avance.

Calculer la profondeur de passe p = (Ø réel – 27) / 2 et la pénétration axiale p' = 50 - cote réelle

Faire tourner la broche.

Positionner l'outil à droite de la pièce (Z = environ 10 mm) et X = - 5 - p puis embrayer.

Débrayer à Z = - 47 environ et terminer à la main jusqu'à Z = - 49 – p'

Faire reculer l'outil avec le transversal pour dresser la surface 4.

Dégager l'outil et arrêter la broche, contrôler .

Contrôler les cotes obtenues

3.5) Usinage des chanfreins 2 et 5

sous-phase n°1, opération 4

opération	désignation	schéma	outils	p mm	V m/min	N t/min	f mm/t	A mm/min
4	Chanfreinage 2, 5		à charioter coudé à droite à 45°	1	55	500	manuel	

Changer d'outil et vérifier la hauteur de la pointe d'outil, bloquer la tourelle.

Régler la vitesse de broche et mettre en route.

Tangenter sur l'arête entre les surfaces 1 et 3.

Pénétrer de 2 mm au transversal (ce qui donne un chanfrein de 1 mm au rayon).

Tangenter sur l'arête entre les surfaces 4 et 6, pénétrer de 1 mm au traînard (ce qui donne aussi un chanfrein de 1 mm).

Dégager l'outil et arrêter la broche.

2.3.6 Préparation de la deuxième sous-phase

Pour la première sous-phase, la pièce était prise uniquement dans le mandrin sous la forme d'un centrage long : on appelle cela un ***montage en l'air***. **Si la longueur sortie de la pièce ne dépasse pas deux fois le diamètre, le montage en l'air donne de bons résultats**. Au-delà, le risque que la pièce ne tourne plus autour de l'axe de la broche, surtout avec l'effort de coupe de l'outil sur la pièce, est grand.

Deux conséquences :

- soit la pièce fléchit sous l'effort de coupe et les cotes de diamètre obtenues seront supérieures à celles voulues, donc hors tolérances,

- soit la pièce présente un défaut géométrique de coaxialité (un « faux rond ») qui augmente avec la longueur sortie et les cotes de diamètre obtenues seront inférieures à celles voulues, c'est-à-dire hors tolérances.

Exemple : en sous-phase 1, opération 2, vous avez sorti la pièce d'environ 80 mm du mandrin et serré sur Ø 40 mm, ce qui correspond à deux fois le diamètre, la limite d'usage du montage en l'air.

En sous-phase 2, le mandrin ne serrera que sur un diamètre 27 mm alors que la longueur sortie sera de 98 mm au minimum, ce qui exclut le montage en l'air. Il faut donc prendre la pièce des deux cotés :

- côté mandrin, par un centrage court : la longueur de pièce serrée dans les mors du mandrin ne doit pas dépasser la moitié du diamètre (moins si possible),

- à l'autre extrémité, par la contre-pointe : celle-ci maintiendra la pièce en étant dans le trou n°15, qui est un centre d'usinage. Ce trou ne sert qu'à la fabrication et n'a plus d'utilité une fois la pièce fabriquée.

Voici ce que vous devez obtenir (photo ci-contre): cette prise de pièce est appelée ***montage mixte***.

Pour cela, vous allez commencer par percer le centre d'usinage.

sous-phase n°2 opération 1

opération	désignation	schéma	outils	p mm	V m/min	N t/min	f mm/t	A mm/min
1	dressage 14		à charioter coudé à droite	0,5	50	400	0,2	80

Démonter la pièce et la retourner en la serrant sur toute la longueur du Ø 27.

Dresser la face 14 en enlevant 0,5 mm (s'inspirer de la sous phase 1 opération 1).

Sortir la pièce du mandrin et mesurer sa longueur. Elle doit mesurer 148 ± 0,2 mm une fois finie.

Calculer la profondeur de passe p = longueur réelle – 148

Remettre la pièce dans le mandrin, tangenter en Z et remettre le tambour du traînard à zéro, prendre autant de passes de 0,5 mm que nécessaire et le reste en finition. Par exemple, si on mesure 149,4 mm. cela donnera deux passes de 0,5 mm et une passe de 0,4 mm.

Contrôler la longueur.

A noter:
La pièce est montée dans le mandrin sur toute la longueur du cylindre Ø 27: l'épaulement 4 sert de butée, d'où la cinquième flèche sur le schéma.
La vitesse de coupe de 50 m/min s'applique à la surface à dresser, de diamètre 40 mm. Ceci permet de calculer la vitesse de coupe: à chaque tour, l'outil parcourt π x 40 = 125,6 mm/t. Donc, si on connaît le nombre de mm que l'outil parcourt en 1 minute (la vitesse de coupe), on peut en déduire la vitesse de rotation:
V = 50 m/min = 50000 mm/min = π x 40 mm/t x N t/min.

D'où la formule: $N = 1000 \times V / \pi \times D$

Exemple: N = 50x 1000 /(π x 40) = 398 t/ min (on arrondit à 400 t / min)

De même, l'avance $A = f \times N$
Exemple: 80 mm/min = 0.2 mm/t x 400 t/min

31

2.3.7 Perçage du centre d'usinage

- Sur la poupée mobile, reculez le fourreau en tournant la manivelle jusqu'au bout : la contre-pointe se démonte. Enlevez là.

- Sortez de nouveau le fourreau en tournant la manivelle de quelques tours et insérez le mandrin de perçage à cône morse. Ce mandrin permet de percer très exactement dans l'axe de la broche. En effet, un cône mâle entre dans un cône femelle jusqu'à toucher ce dernier : un centrage conique présente un jeu nul. Ce n'est pas le cas d'un centrage cylindrique pour lequel il existera toujours un jeu. Un centrage conique centre mieux qu'un centrage cylindrique.

- Prenez un foret à centrer et montez-le dans le mandrin de perçage. Ces forets sont normalisés et percent un petit trou (inutile) suivi d'un cône à 60 °. Serrez et enlevez la clé.

- Approchez la poupée mobile à quelques centimètres de la pièce. Serrez le frein de poupée (en levant le levier, la poupée doit restée bloquée sur le banc).

- Réglez la vitesse de broche sur 1000 t/min. Mettez en marche. Percez en avançant le fourreau jusqu'à voir le cône du foret à centrer dans la pièce. Reculez le fourreau et arrêtez la broche.
La prochaine étape consiste à réaliser le montage mixte.

2.3.8 Réalisation du montage mixte

- Reculez légèrement la poupée mobile, enlevez le mandrin de perçage à cône morse et montez la contre-pointe sur la poupée

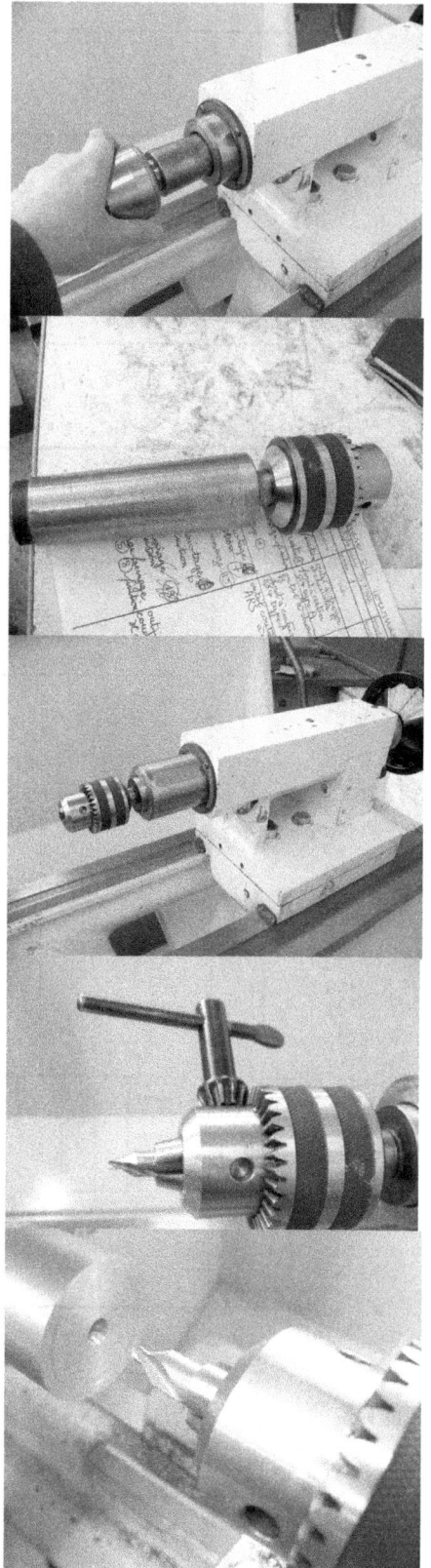

mobile.

- Desserrez la pièce et sortez-la jusqu'à ce que la longueur serrée par les mors du mandrin soit inférieure à la moitié du diamètre (centrage court). Comme le mandrin serre un diamètre 27 mm, la pièce ne doit entrer dans le mandrin que de 13 mm au plus. Serrez **légèrement**.

- Approchez la poupée mobile, freinez-la sur son banc avec le levier de blocage et sortez le fourreau à l'aide de la manivelle. Faites entrer la contre-pointe dans le centre d'usinage : les cônes doivent se toucher.

- A l'aide de la manivelle du fourreau, appuyez la contre-pointe contre la pièce : dans l'idéal, la pièce, poussée par la contre-pointe, doit légèrement glisser dans les mors du mandrin. Ainsi, vous êtes sûr que le jeu est nul (principe du centrage conique) et que la contre-pointe a centré l'extrémité de la pièce dans l'axe de la broche.

- Serrez moyennement la pièce dans le mandrin (il s'agit d'entraîner la pièce en rotation mais d'éviter de la marquer) et freiner le fourreau à l'aide de son levier de freinage. Votre montage est prêt.

2.3.9 Troisième sous-phase

Finalement, la préparation de la sous-phase suivante était elle-même une sous-phase puisqu'il a fallu démonter la pièce. La sous-phase 3 comporte le même type d'usinages que la sous-phase 1 : inspirez-vous des explications précédentes pour écrire les étapes du travail sur des feuilles d'instructions détaillées. S'il n'y a pas assez de place, ajoutez autant de feuilles qu'il faudra. En effet, il vaut mieux prévoir le travail que de subir les défauts; une cote ratée est une pièce mauvaise, c'est-à-dire rebutée.

sous-phase n°

opération	désignation	schéma	outils	p mm	V m/min	N t/min	f mm/t	A mm/min

sous-phase n°3 opérations 1 et 2

opération	désignation	schéma	outils	p mm	V m/min	N t/min	f mm/t	A mm/min
1	chariotage 9 et dressage 8 ébauche		couteau à droite	1,5	60	400	0,2	80
				1,5	60	500	0,2	100
				1,5	60	500	0,2	100
				1,5	60	500	0,2	100
				1,5	60	630	0,2	126
2	finition			calculée	60	630	0,1	63

Contrôler le calcul de N et A (les valeurs sélectionnées de N doivent être immédiatement inférieures à la vitesse calculée): 5 passes d'ébauche sont prévues, plus une de finition pour laquelle il faudra calculer la profondeur de passe; Veiller à ce que l'outil ne touche pas la contre pointe lors du réglage de passe; noter les différentes étapes du travail ci dessous avant de commencer.

sous-phase n°3, opérations 3, 4, 5

opération	désignation	schéma	outils	p mm	V m/min	N t/min	f mm/t	A mm/min
3	Chariotage 10 et dressage 12 ébauche		couteau à droite	1,5	60	800	0,2	160
				1,5	60	800	0,2	160
				1,5	60	1000	0,2	200
4	finition			calculée	60	1250	0,1	125
5	chanfreinage 11 et 13		à charioter coudé à droite	1	60	800	manuel	

Noter sur une feuille de papier les étapes à suivre avant de commencer le travail. En effet, devant un tour, il n'y a que deux choix possibles: prévoir ou subir!

L'auteur a subi son imprévoyance comme le montre la photo ci-contre: le corps d'outil cogne la contre pointe avant que le réglage de finition au Ø 14 puisse être atteint. Il n'y a pas d'autre solution que de changer d'outil, "refaire les zéros" (tangenter à nouveau) et continuer.

A noter: une contre pointe montée sur billes et appuyée sur la pièce doit tourner avec celle-ci. Si elle ne tourne plus ou très lentement, elle avertit le tourneur d'un danger: il faut resserrer légèrement en tournant le volant de poupée et vérifier le serrage du mandrin.

FICHE TECHNIQUE/ ETUDE DES SOUS-PHASES

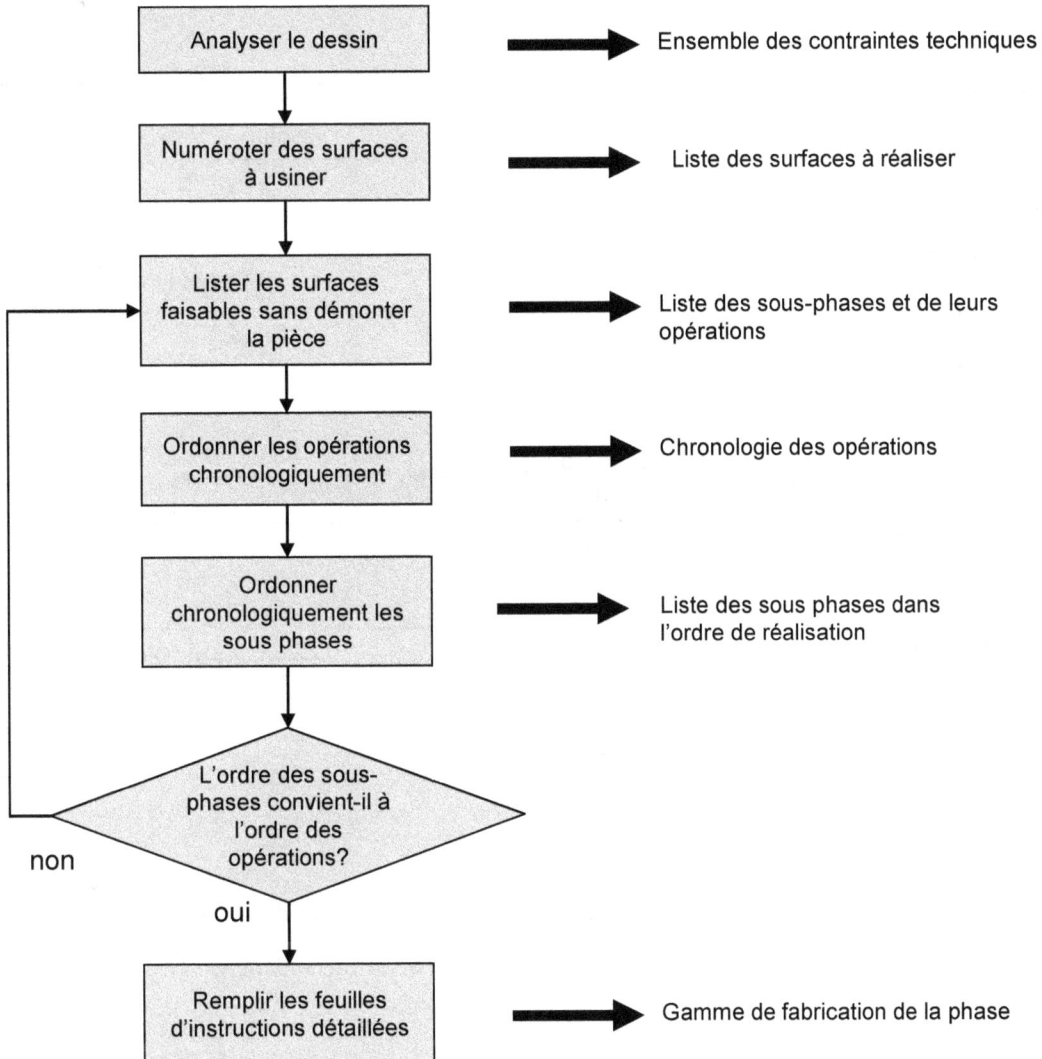

Analyser le dessin	➤ Ensemble des contraintes techniques
Numéroter des surfaces à usiner	➤ Liste des surfaces à réaliser
Lister les surfaces faisables sans démonter la pièce	➤ Liste des sous-phases et de leurs opérations
Ordonner les opérations chronologiquement	➤ Chronologie des opérations
Ordonner chronologiquement les sous phases	➤ Liste des sous phases dans l'ordre de réalisation

L'ordre des sous-phases convient-il à l'ordre des opérations?

non

oui

Remplir les feuilles d'instructions détaillées	➤ Gamme de fabrication de la phase

Le test de cohérence entre la chronologie des sous-phases et celle des opérations est nécessaire: il arrive qu'on doive décomposer une sous-phase en plusieurs parce que les opérations se font à des stades très différents de la fabrication.(par exemple, on chariote une surface au début mais on ne peut faire la finition qu'à la fin => deux sous-phases)

Le schéma général ci-contre permet de déterminer les paramètres de coupe :

- La connaissance de la matière d'œuvre et de celle de l'outil permet dans un premier temps de connaître la constante de Denis (paragraphe 3.2)
- La nature de l'usinage (ébauche ou finition) permet de déterminer f, p et V60 (paragraphe 3.3)
- La connaissance du type de travail et de la durée de vie d'outil avant réaffûtage permet de trouver la vitesse de coupe Vc (paragraphe 3.4).

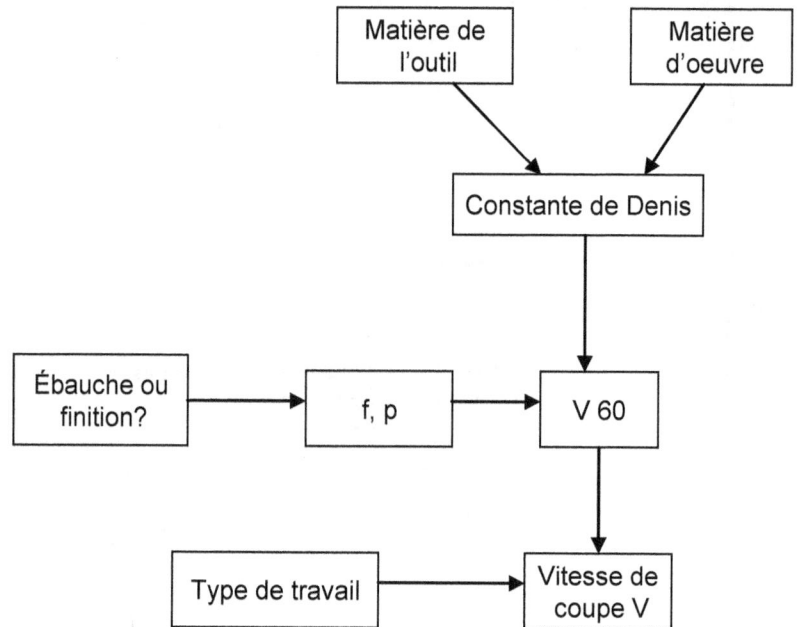

3.1 Les formules de base.

Le premier paramètre important concerne le mouvement de coupe. La *vitesse de coupe* Vc en m/min est la vitesse à laquelle l'arête de l'outil parcourt la surface de la pièce. Elle est liée à la vitesse de rotation de la broche N en tour/min par la formule :

$$N = 1000\ V\ /\ (\pi \times D)$$ où D est le diamètre à usiner en mm

Le deuxième paramètre important concerne le mouvement d'avance. *L'avance par tour* f (de l'anglais *feed*) en mm/tour est la distance d'avance de l'outil à chaque tour de broche. Elle est liée à l'avance A en mm/min par la formule :

$$A = f \times N$$

Cependant, il est impossible de calculer ces valeurs sans la connaissance de Vc et f.

3.2 Les travaux de Taylor et Denis

Taylor a découvert que plus l'outil coupe vite, plus il s'use vite. Si V est la vitesse de coupe et T le temps entre deux affûtages, il constate que :

$$\textbf{V x T}^{\textbf{n}} \textbf{ = constante}$$

Il existe donc une valeur de la vitesse de coupe pour laquelle le temps entre deux affûtages est de 60 minutes : on la note V_{60}. Il en existe une autre, plus petite, pour laquelle le temps entre deux affûtages est de 8 heures (480 minutes) : c'est V_{480}. Le choix vous appartient : si vous souhaitez affûter rarement, il faudra usiner à petite vitesse; si vous préférez la productivité quitte à changer plus souvent les outils, il faudra usiner à plus grande vitesse. En première approximation, $V_{480} = 0,7 \times V_{60}$. Pour les exercices, nous utiliserons V_{480}.

Notons que l'outil de coupe, selon Taylor, se comporte comme un athlète : Un coureur peut courir très vite, mais que sur 100 m. S'il veut courir longtemps (un marathon), il doit réduire la vitesse.

Denis constate qu'il existe un lien entre la vitesse de coupe V, le matériau à couper et les dimensions du copeau. Les dimensions du copeau sont connues : p, la profondeur de passe est aussi la largeur du copeau; f, l'avance par tour est l'épaisseur du copeau. Pour un même temps (peu importe lequel) entre deux affûtages, il existe la relation suivante :

$$\textbf{f}^{\,2} \textbf{ x p x } \textbf{(V}_{60}\textbf{)}^{3} \textbf{ = constante de Denis}$$

Tant que les trois paramètres de coupe p, f, V_{60} sont choisis tels que la constante de Denis est respectée, le temps entre deux affûtages est constant. La constante dépend de la matière d'œuvre et de la matière de l'outil. Les trois paramètres de coupe p, f, V se choisissent différemment selon qu'il s'agit d'ébauche ou de finition.

A cause des puissances de la formule, une augmentation de 30 % de la profondeur de passe p est possible si on diminue la vitesse de coupe de seulement 9%. En effet : $1^2 \times 130\% \times 91\%^3 = 0,99$. C'est utilisé en ébauche.

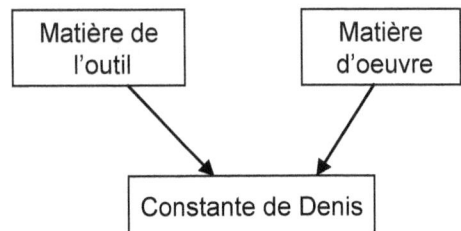

39

Le tableau suivant permet de connaître la constante de Denis en fonction de la matière d'oeuvre et de celle de l'outil :

classe	20	30	40	50	60	70	80	100
constante de denis acier rapide	8.500.000	1.300.000	190.000	33.000	12.400	10.500	4200	1500
constante de denis carbure	400.000.000	62.000.000	9.300.000	1.600.000	600.000	500.000	200.000	72.000
exemples de matières d'œuvre	Al-Cu4Mg Al-Si7Mg03	cuivre	S235 laiton EN6GJL150 cupronickel	S295 bronze EN-GJL200	S335 C35 EN6GJL300 X2CrNi18-9	S360 C45	C60 38Cr2 16CrNi6	C80 41 Cr4 35CrMo4 42CrMo4 36NiCrMo16 X30Cr13

Source des constantes de Denis : « Tournage des métaux », A.Chevalier R.Jolys, éditions Delagrave, ISBN 2-206-00227-2, page 84

Deux matières se partagent aujourd'hui le marché des outils de coupe :

- l'acier rapide est un acier fortement allié contenant du tungstène, du chrome, du vanadium et du cobalt. Il est à la base de la majorité des outils monoblocs tels les forets, les alésoirs, les tarauds.

- le carbure de coupe est un mélange de carbures de tungstène et de titane essentiellement, fritté dans une matrice de cobalt par la technologie des poudres. Les plaquettes de carbure sont rapportées sur des corps d'outils en acier. Ainsi, on réutilise le corps d'outil et ne change que la plaquette lorsque celle-ci est usée.

Des plaquettes différentes sont utilisées selon la nature de la matière d'œuvre : elles sont de type :

P   pour les aciers courants de construction,

M   pour les aciers inoxydables,

K   pour les fontes

N   pour les alliages non ferreux,

S   pour les super alliages,

H   pour les aciers trempés.

Les matières d'œuvre à usiner sont classées en fonction de leur résistance à la rupture et leur allongement avant rupture.

3.3 Les critères de productivité.

Les critères de productivité permettent de déterminer les valeurs de f, p et V_{60} à partir de la constante de Denis.

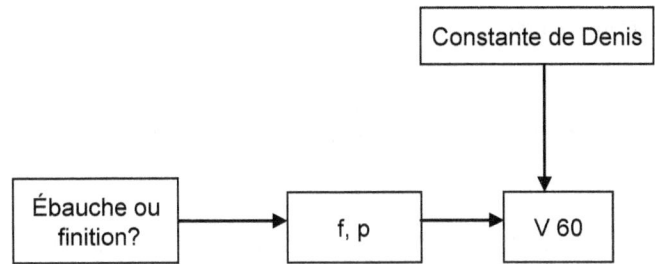

3.3.1   En ébauche, il faut enlever du volume le plus vite possible. Le critère de productivité est le débit volume :

$Qv = f \times p \times Vc$

Où f x p est la section du copeau et Vc la vitesse linéaire du copeau débité (le nombre de mètres de copeaux par minute).

Pour avoir $Qv = f \times p \times Vc$ maximal avec $f^2 \times p \times (Vc)^3 =$ constante, il faut choisir :

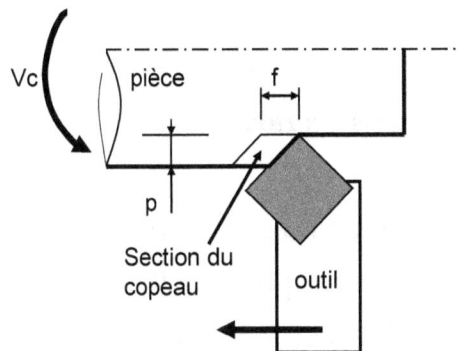

- la profondeur de passe maximale au rayon dans les limites suivantes :

Limites de profondeur de passe	
acier rapide	2 mm
carbure	4 x Rayon du bec
dans tous les cas	2/3 de la longueur d'arête de l'outil

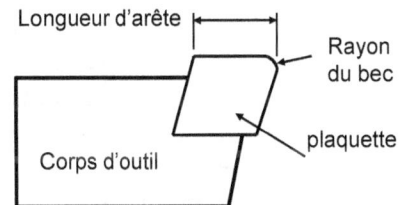

- l'avance f maximale dans les limites suivantes :

limites d'avance par tour	
acier rapide	de 0,1 à 0,2 mm (suivant classe)
carbure	0,4 x Rayon du bec

- déduire la valeur de V_{60} pour respecter la constante.

3.3.2   En finition, il faut parcourir la surface à finir le plus vite possible. Le critère de productivité est le débit surface :

$Qs = f \times Vc$

Pour avoir $Qs = f \times Vc$ maximal avec avec $f^2 \times p \times (Vc)^3$ = constante, il faut choisir :

- la profondeur de passe minimale (mais supérieure au copeau minimum),

copeau minimum	
acier rapide	0,05 mm
carbure	0,15 mm

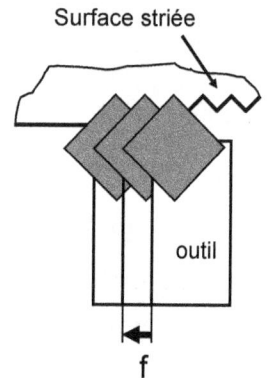

Surface striée

outil

f

et supérieure au rayon du bec d'outil (plaquette carbure). **En pratique, une profondeur de passe de finition comprise entre 0,5 et 1 mm est une solution qui passe partout,**

- l'avance f maximale compatible avec l'état de surface voulu. La figure ci-contre montre que plus l'avance par tour f est petite, meilleur est l'état de surface. De même, plus le rayon du bec d'outil est grand, moins il entaille la surface de la pièce. **En pratique, on utilisera le tableau ci-dessous ou la formule f = 0,2 x rayon du bec pour les plaquettes carbure ou une avance de 0,05 mm/tour pour l'acier rapide,**

rayon d'outil	diamètre	Rugosité arithmétique Ra en fonction de l'avance par tour et du rayon					
		0,4	1,6	3,2	6,3	8	32
		avance f en mm/tour					
0.2		0.05	0.08	0.13			
0.4		0.07	0.11	0.17	0.22		
0.8		0.10	0.15	0.24	0.30	0.38	
1.2			0.19	0.29	0.37	0.47	
1.6				0.34	0.43	0.54	1.08
2.4				0.42	0.53	0.66	1.32
	6	0.20	0.31	0.49	0.62		
	8	0.23	0.36	0.56	0.72		
	10	0.25	0.40	0.63	0.8	1	
	12		0.44	0.69	0.88	1.1	
	16		0.51	0.8	1.01	1.26	2.54
	20			0.89	1.13	1.42	2.94
	25				1.26	1.58	3.33

Prenons un exemple : pour obtenir une rugosité de 1,6 micron, vous pouvez choisir une avance de 0,11 mm/tour et un outil dont le rayon du bec est de 0,4 mm. Mais plus le rayon du bec d'outil est important, plus la surface sera lisse (les stries seront moins prononcées) : avec une avance de 0,11 mm/t, vous pouvez donc choisir TOUS les outils dont le rayon de bec est supérieur ou égal à 0,4 mm.

D'autre part, plus l'avance est faible, plus la qualité de finition sera bonne (il y a toutefois des limites liées au copeau minimum) : avec un rayon d'outil de 0,4 mm, vous pouvez choisir TOUTES les avances inférieures ou égales à 0,11 mm/t qui sont encore au dessus du copeau minimum.

- déduire la valeur de V_{60} pour respecter la constante.

Remarque : les valeurs de V_{60} que vous trouverez en finition seront très souvent trop grandes pour un tour classique (900 m/min et 7000 t/min par exemple…). En réalité, ces applications sont du domaine de l'UGV (usinage à grande vitesse). Pour pallier cet inconvénient, une pratique courante consiste à prendre la vitesse V_{60} d'ébauche et à l'augmenter de 25 %.

3.4 Calcul des paramètres Vc à partir de V_{60}.

Suivant le type de travail, il faut corriger la valeur de V60 pour obtenir la vitesse de coupe Vc :

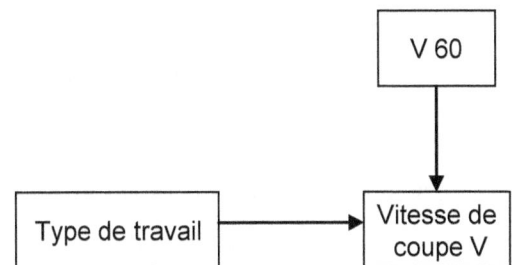

Vc = V60 x facteur de correction

La vitesse de coupe obtenue vous permettra d'usiner une heure avant soit de réaffûter (acier rapide) soit de changer la plaquette (carbure)

Si vous souhaitez « économiser » vos outils en usinant huit heures avant de réaffûter, il faut multiplier la valeur obtenue de Vc par 0,7.

travail	facteur de correction
chariotage outil coudé	1
chariotage outil couteau	0,8
dressage	0,75
perçage	0,7
alésage	0,7
tronçonnage	0,5
filetage	0,3
moletage	0,2

3.5 Exemple de chariotage

Calculons les paramètres de coupe de la sous phase 1, opération 2, chariotage de la surface 6. Voici les données :

La géométrie : chariotage Ø33mm à partir d'un brut Ø40 mm, avec épaulement, longueur 60 mm

La matière d'œuvre : S235

L'outil : couteau, plaquette carbure, longueur d'arête 16 mm, rayon du bec 0,8 mm. Il doit pouvoir usiner 8

43

heures avant changement de plaquette.

Le calcul :

Matière d'œuvre S235

Outil plaquette carbure

constante de Denis : 9.300.000

Surépaisseur totale à enlever : (Ø40 – Ø33)/2 = 3,5 mm (attention! La profondeur de passe est au rayon)

Profondeur de passe de finition : 0,8 mm (rayon du bec)

Reste 3,5 – 0,8 = 2,7 mm

Choix final : une passe de 2,7 mm en ébauche et une passe de finition de 0,8 mm.

Ébauche : f = 0,4 x Rayon du bec = 0,32 mm/tour

$V60 = [\ 9.300.000 / (2,7 \times 0,32^2)\ ]^{0,33} = 323$ m/min

Coefficient correcteur chariotage outil couteau : 0,8

Coefficient correcteur huit heures avant changement de plaquette : 0,7

Vc = 323 x 0,8 x 0,7 = 181 m/min

passe : Ø40 => N = 181000/(π x 40) = 1440 t/min

A = 0,32 mm/tour x 1440 t/min = 460 mm/min

Finition : f = 0,2 x rayon du bec = 0,16 mm/tour

V60 trop grande => on prend V60 = 181 x 1,25 = 226 m/min

Diamètre = 40 – 2 x 2,7 = 34,6 mm

N = 226000/(π x 34,6) = 2080 t/min (ou le maximum de la machine si la boîte ne propose pas une telle vitesse)

A = 0,16 mm/tour x 2080 t/min = 333 mm/min (on adaptera à la vitesse réelle sélectionnée sur la boîte des vitesses broche)

Les calculs de paramètres de coupe sont automatisés depuis longtemps, comme en atteste cette règle de calcul originaire d'Allemagne de l'Est :

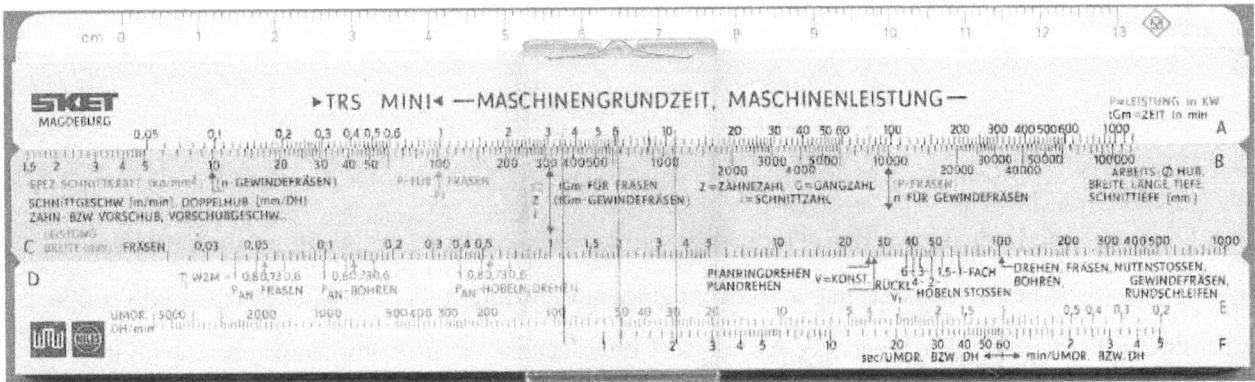

Si vous faites souvent ces calculs, créer un petit tableur est une bonne suggestion.

3.6 D'autres méthodes de calcul.

L'usage le plus répandu, parce que le plus simple, pour calculer les paramètres de coupe consiste à chercher directement une valeur de V_{60} dans un tableau.

Nuance ISO	Matériaux à usiner	Tournage d'Extérieur				Tournage Filetage	
		Acier Rapide		Carbure		Acier Rapide	Carbure
	Avance f en mm/tr	0.05 à 0.1	0.1 à 0.2	0.05 à 0.2	0.2 à 03	f = pas du filet	
P	Acier Non Allié	50	40	250	200	35	120
	Acier Faiblement Allié	30	20	150	130	20	80
	Acier Fortement Allié	20	15	120	100	15	60
	Acier Moulé Faiblement Allié	30	20	150	120	20	75
M	Acier Inoxydable	25	20	150	130	20	90
K	Fonte lamellaire (EN-GJL...)	40	30	80	60	20	30
	Fonte Modulaire (EN-GJM...)	30	25	100	80	15	40
	Fonte Sphéroïdale (EN-GJS...)	55	45	90	70	25	40
K-N	Alliages d'aluminium de faible dureté sans silicium (AW 2030 ...)	250	200	550	400	150	230
	Alliages d'aluminium durs sans silicium ou %Si moyen (AW2017, AW 6060 ...)	120	80	250	200	90	110
	Alliages d'aluminium à haute teneur en silicium >12%	80	40	120	100	45	60
	Vitesse de coupe Vc en m/min						

Source : ressources en ligne de l'Académie de Lyon

L'usage des valeurs d'un tel tableau conduit très probablement à un usinage réussi. Mais ces valeurs ne tiennent pas du tout compte de la profondeur de passe ou de l'avance et, par suite, ne sont pas des valeurs de V_{60} (V_{60} est la vitesse qui permet d'usiner 60 minutes avant réaffûtage, en fonction de f et p).

45

Cet usage permet simplement de réduire la méthode présentée dans ce livre par :

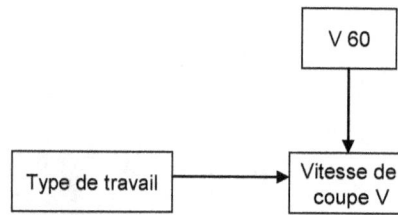

```
                        ┌────────┐
                        │  V 60  │
                        └────────┘
                            │
                            ▼
    ┌──────────────────┐  ┌──────────────┐
    │  Type de travail │─▶│  Vitesse de  │
    └──────────────────┘  │    coupe V   │
                          └──────────────┘
```

Une autre méthode utilisée dans l'industrie pour la série consiste à utiliser une valeur de Vc, mesurer le temps réel entre deux affûtages (ou changement de plaquette) et modifier la vitesse de coupe jusqu'à obtenir la durée entre affûtages économique. Cette dernière est un compromis entre le coût machine (qui suppose une valeur élevée de Vc pour la productivité) et le coût d'outillage (qui suppose une valeur faible de Vc)

Enfin, signalons une erreur grave qui consiste à utiliser les valeurs du tableau comme vitesse de coupe V, sans tenir compte du type de travail : notamment en tronçonnage, les accidents sont pratiquement garantis.

Exercice : Les paramètres de coupe de l'exercice de tournage précédent sont faux pour l'outil à plaquette carbure de rayon de bec 0,8 mm. Pouvez-vous les recalculer et consigner les résultats dans un tableau? Trouvez-vous les mêmes résultats que l'auteur?

Résultats.

	p mm	f mm/tour	V60 m/min	coef. Travail	Vc m/min	diamètre mm	N t/min	A mm/min
dressage face 1								
finition	1	0,16		0,75	295	40	2350	376
chariotage 6 dressage 7								
ébauche	2,7	0,32	323	0,8	181	40	1440	460
finition	0,8	0,16		0,8	226	34,6	2080	333
chariotage 3 dressage 4								
ébauche	2,2	0,32	346	0,8	194	33	1870	600
finition	0,8	0,16		0,8	242	28,6	2700	430
chanfreinage 2 et 5								
manuel	1		346	0,8	194	33	1870	
dressage 14								
finition	0,5	0,16		0,75	295	40	2350	376
chariotage 9 dressage 8								
ébauche 1ère passe	2,4	0,32	336	0,8	188	40	1500	480
ébauche 2ème passe	2,4	0,32	336	0,8	188	35,2	1700	540
ébauche 3ème passe	2,4	0,32	336	0,8	188	30,4	1970	630
finition	0,8	0,16		0,8	235	25,6	2920	468
chariotage 12 dressage 11								
finition "épaisse"	2	0,16		0,8	250	24	3300	530

N.B. Les vitesses de rotation et d'avance, souvent élevées pour les tours conventionnels, indiquent que les plaquettes carbure expriment leur vrai potentiel de productivité sur les tours à commande numérique.

« Une prise de pièce réussie, c'est une prise de tête en moins »

Le prochain exercice propose de fabriquer un cône SA 30 tel que ceux utilisés en fraisage.

4.1 Analyse / discussion du dessin

En regardant de près le dessin, la cotation réserve quelques surprises dont il faudra tenir compte pour usiner : la première d'entre elles concerne la précision dimensionnelle exigée par le dessin de définition. Il y a trois cotes de tolérances très serrées :

- Ø 25 h 7
- Ø 31,75 h 7
- Ø 17,40 e 7

Si les lettres h, e indiquent la position relative de la cote par rapport à la cote nominale (e, f, g…cote plus petite que la cote nominale, k, m, n…plus grande que la cote nominale), le chiffre 7 est l'indice d'une grande qualité, difficile à obtenir en tournage.

La deuxième surprise concerne la précision géométrique exigée par le dessin de définition. Les **cônes SA (American Standard)** ont une conicité de 7/24 qui correspond à un angle de 8,30°. Qu'est-ce que cela signifie?

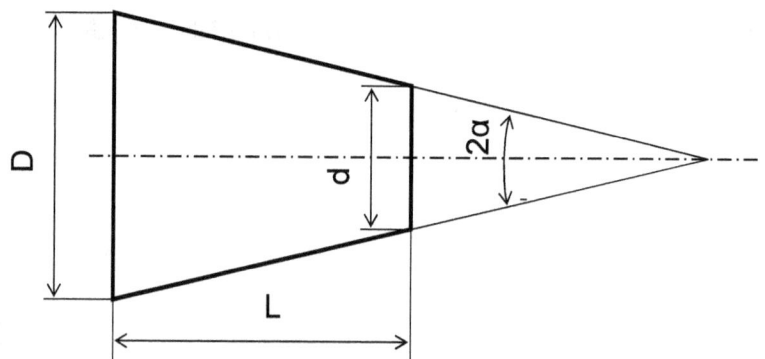

Une **conicité** est une différence de diamètre par unité de longueur. Prenons un exemple : D = 31,75 mm; L = 48,40 mm (c'est le cas du dessin).

Que vaut d ?

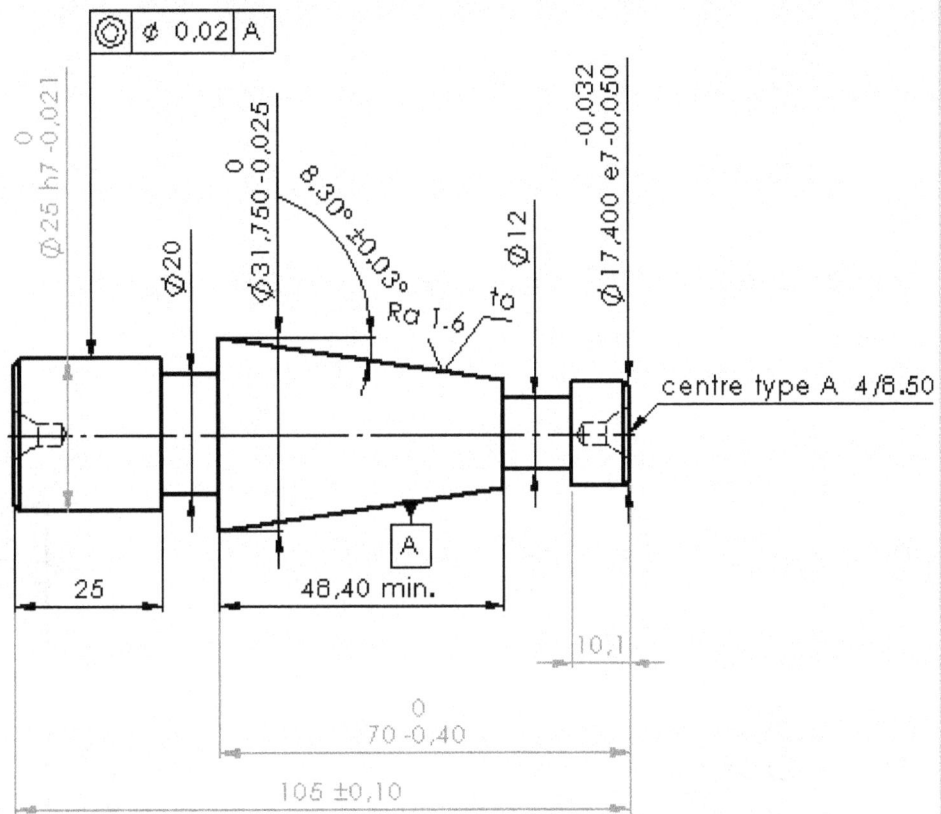

⌀ 25 h7 -0,021 0

◎ ⌀ 0,02 A

⌀20

⌀31,750 -0,025 0

8.30° ±0,03°

Ra 1.6

tⱭ

⌀12

⌀17,400 e7 -0,032 -0,050

centre type A 4/8.50

A

25

48,40 min.

10,1

70 -0,40 0

105 ±0,10

chanfreins 1x45°
brut diamètre 36 x 107 mm

matière: C35	tolérance générale: ISO 2768-m	échelle: 1:1
nom Y.Bauswein		date: 2015
cônes externes		

$7/24 = (D – d) / L$

$0,2916 = (31,75 – d) / 48,40$

$31,75 – d = 0,2916 \times 48,40$

$- d = 14,12 – 31,75$

On obtient : d = 17,63 mm. Vérifions que l'angle α est bien égal à 8,30° :
La tangente de l'angle α est égale au côté opposé divisé par le côté adjacent.

Côté opposé = $(D – d)/2$

Côté adjacent = L

D'où tg α = $(D – d)/ 2L$

tg α = 0,1458 = 3,5/24 d'où α = 8,30°

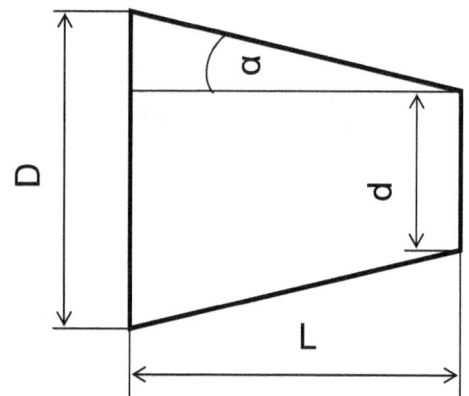

Le client exige aussi une tolérance géométrique de **coaxialité** entre le cylindre 12 et le cône 8 : la référence étant le cône (lettre A sur le dessin) l'axe réel du cylindre 12 doit se situer à l'intérieur d'un cylindre de diamètre 0,02 dont l'axe est celui du cône. La meilleure solution pour obtenir ceci est d'usiner le cône et le cylindre sans démonter la pièce (rappel : un démontage = une erreur). Les deux surfaces seront idéalement obtenues dans une même sous-phase. La longueur cumulée des deux surfaces (105 – 21 = 84 mm) étant supérieure à deux fois le diamètre, le montage en l'air (mandrin seul) est exclu.

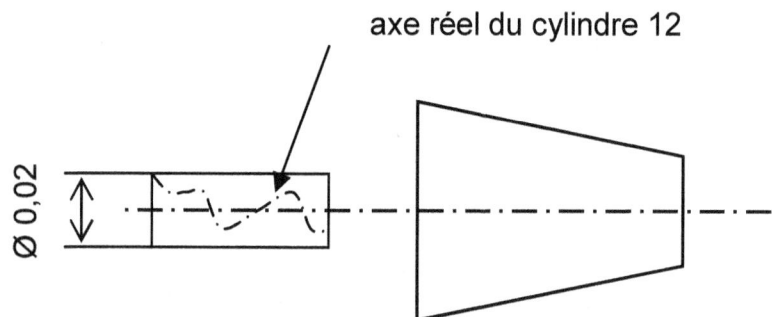

axe réel du cylindre 12

Numérotons les surfaces :

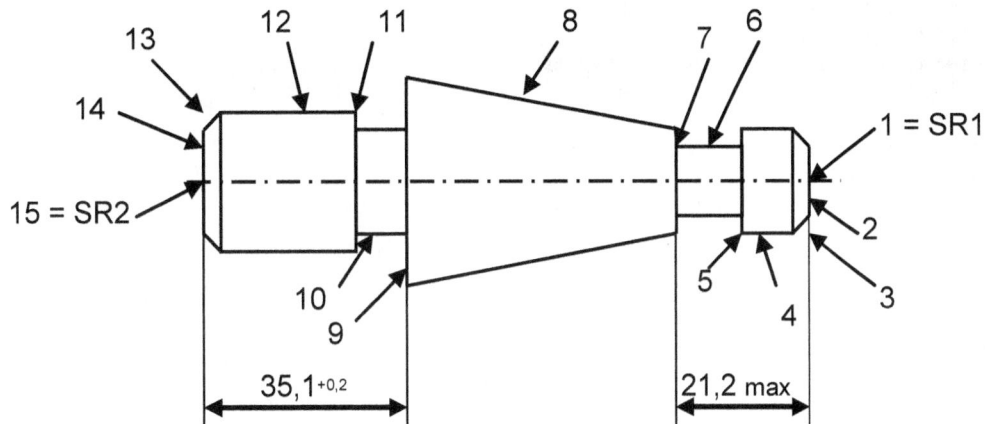

La troisième surprise concerne la précision des états de surfaces exigée par le dessin de définition. La rugosité de 1,6 μm par tournage ne pose aucun problème, si le rayon d'outil est supérieur à 0,4 mm et l'avance par tour en finition de 0,1 mm/t.

4.2 La gamme de fabrication

4.2.1 Différents types d'appareillages

La fiche technique « Les appareillages en tournage » page 52 permet de constater que :
En ébauche, où les efforts de coupe sont importants, il vaut mieux utiliser un montage en l'air pour les pièces courtes et un montage mixte pour les pièces longues,
En finition, il est possible d'utiliser un montage en l'air pour les pièces courtes si la précision le permet.
Pour les pièces longues, la précision peut imposer le montage entre pointes.
Il est possible d'usiner des pièces de longueur supérieure à 4 x D, mais il faut prendre de très faibles passes pour éviter que la pièce ne fléchisse.

FICHE TECHNIQUE: LES APPAREILLAGES EN TOURNAGE

Dans un montage en l'air, la pièce est tenue en porte à faux par le mandrin.

Le serrage est très énergique ce qui permet de grosses prises de passe (productivité en ébauche)

L'accès à la pièce avec les outils est très facile (beaucoup d'espace)

La longueur sortie de la pièce est limitée à deux fois le diamètre

La longueur de contact mors-pièce doit au moins être égale au diamètre (centrage long)

La geométrie du mandrin ne permet pas de haute précision

Longueur de contact mors - pièce: >= D

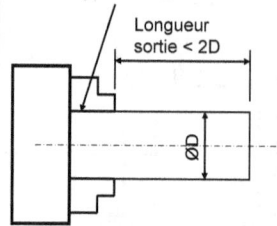

Longueur sortie < 2D

ØD

Dans un montage mixte, la pièce est tenue à gauche par le mandrin et à droite par la contrepointe.

La longueur de contact mors-pièce doit au plus être égale au demi-diamètre (centrage court)

Le serrage est moyennement énergique ce qui ne permet que des prises de passe moyennes

L'accès à la pièce avec les outils est moyennement facile

La longueur sortie de la pièce est limitée à quatre fois le diamètre

La précision obtenue, aussi bien dimensionnelle que géométrique, est meilleure qu'avec le montage en l'air.

Longueur de contact mors - pièce: <= D/2

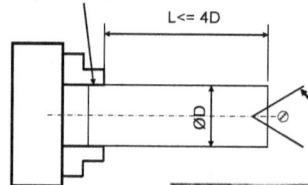

L<= 4D

ØD

Dans un montage entre pointes, la pièce est tenue à gauche par une pointe vive et à droite par la contrepointe. Elle est entraînée par un toc.

Seules les faibles prises de passe sont possibles; sinon, le toc glisse sur la pièce et la raye (productivité faible)

L'accès à la pièce avec les outils est difficile, notamment à cause du toc

La longueur sortie de la pièce est limitée à quatre fois le diamètre

Les montages entre pointes offrent la meilleure précision, aussi bien dimensionnelle que géométrique

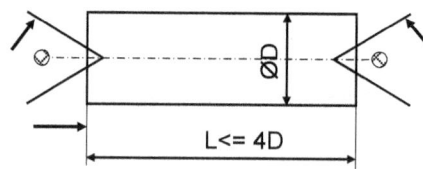

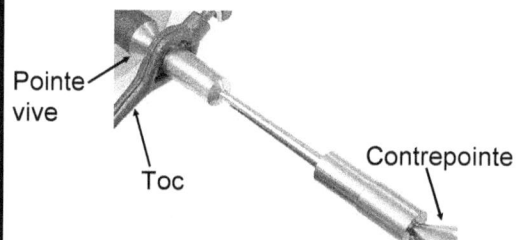

ØD

L<= 4D

Pointe vive

Toc

Contrepointe

Liste des surfaces à usiner :

1, 2, 3, 4, 5, 6, 7, 8, 9, 10, 11, 12, 14 et 15

Liste des sous phases et de leurs opérations

- le perçage des centres 1 et 15 nécessite deux sous-phases : dressage 2, perçage 1 et dressage 14 perçage 15. Ils seront faits en premier.

Il faut toujours usiner, dès que possible, les surfaces de référence car ce sont elles qui permettent de satisfaire aux exigences de la cotation dimensionnelle, géométrique ou de surface.

- pour ébaucher toute la pièce, il faudra la retourner : deux sous-phases d'ébauche
- pour finir la pièce, il faudra également retourner la pièce : deux sous-phases de finition

Nous utiliserons donc :
- un montage en l'air pour percer les centres 1 et 15 (pièce courte) : deux sous-phases,
- un montage mixte pour l'ébauche (pièce longue et productivité) : deux sous-phases,
- un montage en l'air pour fabriquer la pointe vive (pièce courte nécessaire au montage entre pointes),
- un montage entre pointes pour la finition (précision) : deux sous-phases.

D'où la chronologie suivante :
Sous-phase 1 : dressage 2, perçage 1
Sous-phase 2 : dressage 14, perçage 15
Sous-phase 3 : surfaces 9, 10, 11, 12
Sous-phase 4 : surfaces 4, 5, 6, 7
Sous-phase 5 : finition 4, 8 et 3
Sous-phase 6 : finition 12 et 13

4.2.2 Transferts de cotes

Etudions maintenant quelques détails de la sous-phase 3 : il faudra dresser la surface 9. Pour régler notre outil, il n'y aura que deux surfaces utilisables et déjà usinées : il s'agit des faces 2 et 14. Le plus simple pour nous est de tangenter sur la face 14 et de déplacer l'outil d'environ 35 mm : or cette cote, sur le dessin, n'existe pas. La cotation existante n'utilise que la face 2 avec la cote $70^{-0,4}$, mais celle-ci n'est pas pratique du tout pour l'usineur. Il faut donc faire un transfert de cotes, c'est-à-dire remplacer une cote de dessin ($70^{-0,4}$) peu pratique par une *cote de fabrication* Cf, directement utilisable sur le tour.

Voici le schéma (***chaîne de cotes***) :

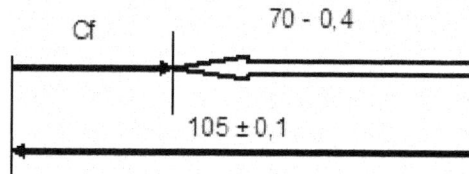

Cf est inconnue, mais pratique.

$70^{-0,4}$ est connue mais pas pratique : c'est la ***cote condition*** du dessin.

$105 \pm 0,1$ est une cote déjà réalisée en sous-phase 2.

La cote condition $70^{-0,4}$ crée les deux exigences suivantes :

- la cote condition 70 est maximale lorsque la cote 105 est grande et Cf petite :

$70 = 105,1 - \text{Cfmin}$ d'où Cfmin = 35,1

- la cote condition 70 est minimale lorsque la cote de 105 est petite et Cf grande :

$69,6 = 104,9 - \text{Cfmax}$ d'où Cfmax = 35,3

Nous modifions le dessin en supprimant la cote de 70 et en la remplaçant par la cote $35,1^{+0,2}$.

En sous-phase 4, le même problème se pose avec le dressage de la surface 7 : le plus simple pour nous est de tangenter sur la face 2 et de déplacer l'outil d'environ 21 mm : or cette cote, sur le dessin, n'existe pas.

Voici la chaîne de cotes :

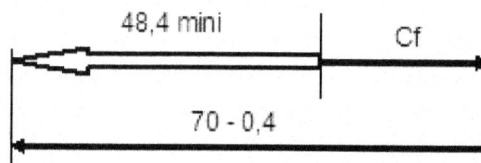

Nous allons remplacer la cote condition 48,4 mini peu pratique par la cote Cf.

La cote condition 48,4 est minimale lorsque la cote de 70 est petite et Cf grande :

48,4 mini = 69,6 – Cfmax d'où Cfmax = 21,2

Nous modifions le dessin en supprimant la cote de 48,4 et en la remplaçant par la cote 21,2 max.

4.2.3 L'usure des machines-outils et comment s'en accommoder

Les machines-outils sont, au cours de leur vie, soumises à des charges variables (dues essentiellement aux efforts de coupe). Avec l'usure, leurs caractéristiques mécaniques se dégradent et notamment leur précision. L'endommagement d'usure est l'ennemi n°1 des machines outils car on attend d'elles une très grande précision d'exécution. C'est pourquoi, suivant la taille des lots ou des séries, les entreprises affectent les machines neuves aux usinages de précision / finitions et les machines usagées aux usinages peu précis / ébauches.

Cependant, un petit atelier devra souvent effectuer tous les travaux sur une même machine. De plus, il devra utiliser les machines aussi longtemps qu'il gagne plus d'argent en prolongeant l'amortissement financier qu'il n'en perd avec une machine usée et peu productive.

Technique du rattrapage de jeu.

Essayons d'usiner une gorge avec un outil pelle : la première saignée (figure ci-contre) est obtenue en avançant l'outil vers la gauche à l'aide de la vis de chariot. Elle a pour largeur la largeur de l'outil. Pour obtenir la largeur de gorge voulue, il faut dégager l'outil, le déplacer de la largeur de gorge moins la largeur d'outil, puis faire une deuxième saignée. Exemple : pour une gorge de 10 mm de large avec un outil pelle de 6 mm de large, il faut, pour la deuxième saignée, déplacer

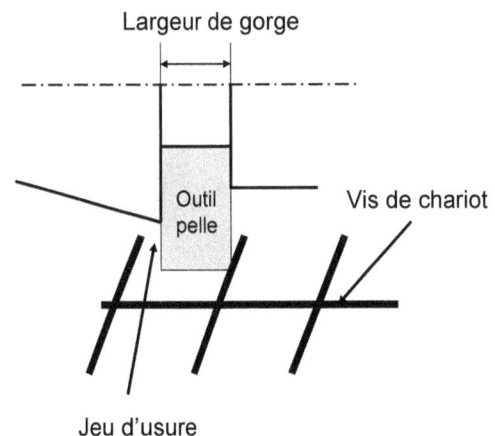

Largeur de gorge

Outil pelle

Vis de chariot

Jeu d'usure

l'outil de C = 4 mm.

Le problème vient du jeu qu'il existe entre la vis de la machine et l'écrou du chariot : si, lors du deuxième réglage, vous ne faites que reculer l'outil de 4 mm, la vis du chariot comble d'abord le jeu; c'est seulement ensuite qu'elle déplace l'outil d'une valeur de 4 mm moins le jeu. La cote obtenue sera fausse (schéma ci-contre).

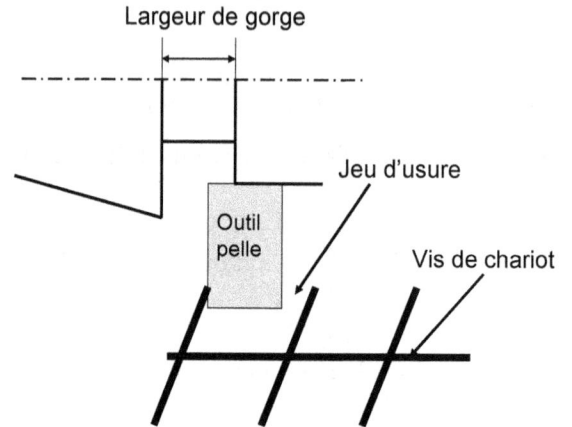

Par contre, si le jeu d'usure est toujours du même coté, la cote obtenue sera juste. C'est le cas en reculant l'outil de 5 mm puis en l'avançant à nouveau de 1 mm (schéma ci-contre).

Avec la technique de rattrapage de jeu, il est possible d'obtenir une cote précise avec une machine usée.
En clair, si votre premier flanc de gorge a été réglé en avançant l'outil, le deuxième doit être réglé en avançant l'outil.
Si votre premier flanc de gorge a été réglé en reculant l'outil, le deuxième doit être réglé en reculant l'outil. La technique décrite sera utilisée en sous-phase 3 opération 2.

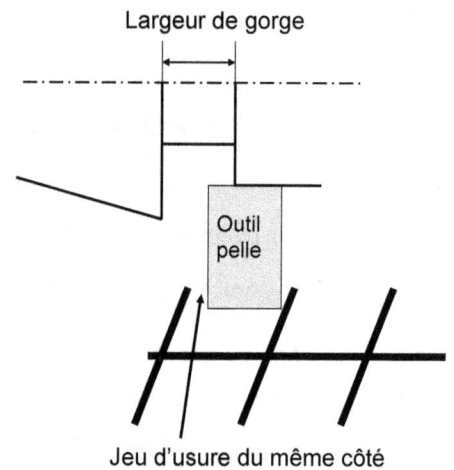

sous-phase n°1

opération	désignation	schéma	outils	p mm	V m/min	N t/min	f mm/t	A mm/min
1	dressage finition 2		à charioter dresser coudé à droite	1	35	315	0,2	63
2	perçage finition 1		foret à centrer type A Ø 10	8,5	25	800	manuel	

sous-phase n°2

opération	désignation	schéma	outils	p mm	V m/min	N t/min	f mm/t	A mm/min
1	dressage finition 14		à charioter dresser coudé à droite	calculée contrôle 105 ± 0,1	35	315	0,2	63
2	perçage finition 15		foret à centrer type A Ø 10	8,5	25	800	manuel	

sous-phase n° 3

opération	désignation	schéma	outils	p mm	V m/min	N t/min	f mm/t	A mm/min
1	chariotage ébauche Ø 32,5 longueur 84		couteau à droite	1,75	39	315	0,2	63
2	saignée 9, 10, 11 finition		outil à saigner R 20	6	13	125	Manuel	

Monter un outil à saigner R20 (le corps d'outil est un carré de 20, la largeur de l'arête de 6 mm) sur la tourelle, régler la hauteur, bloquer.

Régler la vitesse de broche et la mettre en route.

Tangenter sur la face 14, mettre les tambours du traînard et du chariot supérieur à zéro, dégager l'outil, le déplacer vers la gauche jusqu'à Z – 33 mm, tangenter en X, mettre le tambour du transversal à zéro.

Arroser l'outil, pénétrer manuellement de 12 mm sur le diamètre, mettre le tambour du transversal à zéro puis dégager, arrêter la broche (l'ébauche est faite).

Mesurer le diamètre obtenu, calculer l'écart de diamètre ΔØ = mesure - 20, déplacer l'outil en Z – 35,2 mm, mettre la broche en route, arroser l'outil, prendre une passe jusqu'à X = - ΔØ, remettre le tambour du transversal à zéro.

Dégager l'outil en X puis aller à droite jusqu'en Z = - 30, revenir vers la gauche et régler l'outil sur Z = - 31 (le jeu est rattrapé) entrer dans la matière jusqu'à X = 0 (finition de 9, 10, puis 11).

Dégager l'outil et arrêter la broche.

sous-phase n° 3

opération	désignation	schéma	outils	p mm	V m/min	N t/min	f mm/t	A mm/min
3	chariotage ébauche 12		à charioter coudé à droite	1,7	40	400	0,2	80
				1,7	40	400	0,2	80

sous-phase n° 4

opération	désignation	schéma	outils	p mm	V m/min	N t/min	f mm/t	A mm/min
1	saignée 5, 6, 7 finition		outil à saigner R 20	6	13	100	manuel	

Retourner la pièce et refaire un montage mixte,

Monter un outil à saigner R20 (le corps d'outil est un carré de 20, la largeur de l'arête de 6 mm) sur la tourelle , régler la hauteur, bloquer,

Régler la vitesse de coupe et mettre la broche en route,

Tangenter sur la face 2, mettre les tambours du traînard et du chariot supérieur à zéro, dégager l'outil, le déplacer vers la gauche jusqu'à Z – 19 mm, tangenter en X, mettre le tambour du transversal à zéro,

Arroser l'outil, pénétrer manuellement de 23 mm, mettre le tambour du transversal à zéro puis dégager, arrêter la broche (l'ébauche est faite),

Mesurer le diamètre obtenu, calculer l'écart de diamètre ΔØ = mesure - 12, déplacer l'outil en Z – 21 mm.

Mettre la broche en route, arroser l'outil, prendre une passe jusqu'à X = - ΔØ, remettre le tambour du transversal à zéro, dégager l'outil, le déplacer jusqu'à Z = - 16,1 (attention au rattrapage du jeu)
Dégager l'outil et arrêter la broche. contrôler.

sous-phase n° 4

opération	désignation	schéma	outils	p mm	V m/min	N t/min	f mm/t	A mm/min
2	ébauche 4		à saigner R 20	6	21	160	0,1	16

L'outil à saigner (ou outil pelle) a une largeur d'arête de 6 mm. Pour ébaucher la surface 4 de longueur 10,1 mm, il faut effectuer 2 passes de saignée et s'arrêter au diamètre 18 mm.
Le brut étant un rond de diamètre 36 mm, le plus simple est de tangenter en X, de mettre le tambour du transversal à zéro, de pénétrer en avance transversale automatique et de débrayer peu avant la pénétration de 18 au tambour.

4.2.3 Préparation de la pointe vive

Pour usiner entre pointes, le mandrin n'est pas utile : il faudrait pour bien faire le démonter et le remplacer par un plateau pousse toc vissé sur la broche et une pointe vive emmanchée dans le cône de la broche. Cependant, pour usiner une seule pièce, cela fait beaucoup de temps perdu, d'autant qu'il faudra remonter le mandrin par après. Aussi, il existe une solution simple pour tourner une pièce unique entre pointes : fabriquer une pointe à 60° à partir d'un brut serré dans le mandrin, ce qui évite de démonter ce dernier.

Les cotes de la pointe vive peuvent varier, l'essentiel étant que la longueur soit un peu plus du double du diamètre : un diamètre 30 longueur 70 convient.En usinant ainsi la pointe vive, vous obtiendrez un cône précisément dans l'axe de la broche et ce quelle que soit l'erreur géométrique du mandrin (supérieure à celle d'un montage entre pointes dans tous les cas).

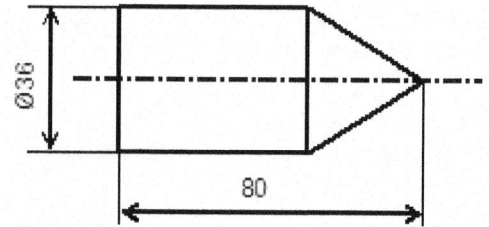

L'usinage par cette méthode annule l'erreur géométrique du mandrin comme le montre le schéma suivant :

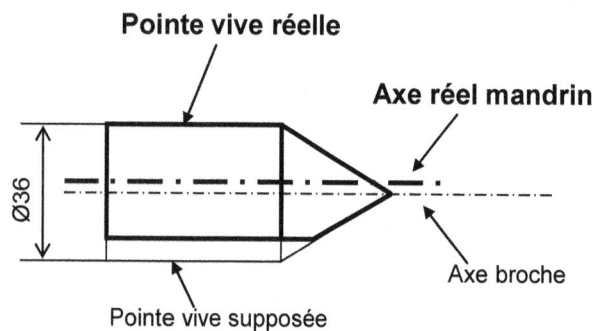

En effet, si le mandrin a un faux rond, la pointe usinée réelle sera plus petite que prévue (erreur dimensionnelle de la pointe), **mais sa géométrie toujours dans l'axe de la broche.** Mais attention! Ne démontez pas la pointe avant la fin de l'usinage de votre pièce : si vous le faites, vous ajouterez au remontage l'erreur géométrique du mandrin et vous n'arriverez plus à obtenir votre tolérance de coaxialité (pièce au rebut). Une pointe vive usinée dans un mandrin est fausse en cote mais juste en géométrie, **aussi longtemps** qu'elle n'est pas démontée : c'est ce qui permet de respecter la géométrie du dessin de définition. Pour la suite, conservez cette pointe vive dans votre outillage : la prochaine fois que vous en aurez besoin, il suffira de la monter dans le mandrin, d'enlever un dixième sur le cône pour que celui-ci soit à nouveau précisément dans l'axe de broche.

usinage pointe vive

opération	désignation	schéma	outils	p mm	V m/min	N t/min	f mm/t	A mm/min
1	chariotage conique		couteau à droite	1,5	37	500	manuel	

Serrer un rond (j'ai pris du rond de 20) dans le mandrin sur une longueur au moins égale au diamètre,

Monter et régler un outil couteau sur la tourelle,

Déserrer les écrous du chariot supérieur, le faire tourner de 30° dans le sens contraire des aiguilles d'une montre et resserrer les écrous (photo),

Vérifier que la pointe d'outil puisse dépasser légèrement le centre du brut (photo): sinon, sortir légèrement l'outil.

Attention! la photo ne montre pas la profondeur de passe à prendre, mais seulement la course maximale à prévoir!

Régler la vitesse de broche et mettre en route.

Tangenter en Z et en X près de l'arête de la pièce, mettre le tambour du transversal à zéro, pénétrer de 3 mm sur le diamètre et tourner la manivelle du chariot supérieur pour créer le mouvement d'avance manuelle,

Dégager l'outil au transversal, reculer le chariot supérieur jusqu'à ce que l'outil soit à droite de la pièce, régler une profondeur de passe de 4 mm au transversal et reprendre une passe,

Continuer ainsi jusqu'à l'obtention de la pointe vive. La dernière passe devra être adaptée pour ne pas dépasser le centre du cône.

Ne pas démonter la pointe vive: le démontage supprimerait sa précision.

sous-phase n° 5

opération	désignation	schéma	outils	p mm	V m/min	N t/min	f mm/t	A mm/min

Mettre une contre pointe dans la poupée mobile.

Monter un toc sur la surface 12 (photo)

Rapprocher la poupée mobile (le fourreau doit à peine être sorti) et la freiner légèrement.

Mettre la pièce sur la pointe vive, toc côté mandrin, tenir avec la main gauche et, avec l'autre main, insérer la contre pointe dans la partie droite de la pièce.

Appuyer la contre pointe sur la pièce à l'aide de la manivelle du fourreau (il se peut que la poupée mobile recule) puis bloquer les freins de poupée et de fourreau: ceci serre le montage entre pointes.

Vérifier l'entraînement du toc (son doigt doit être entraîné en cognant sur un mors).

Si la contre pointe est sur billes, vérifier qu'elle tourne avec la pièce: si jamais, en cours d'usinage, la contre pointe ne tourne plus , ou mal, avec la pièce, le montage entre pointes s'est déserré. Dans ce cas, arrêter le travail, reserrer le montage et vérifier le serrage du mandrin.

Vis de serrage du toc sur la pièce

toc

Pointe vive

Doigt d'entraînement

Il doit TOUJOURS exister un léger serrage entre les pointes. Voici pourquoi:

- un jeu dans un centrage conique annule toute la précision d'un montage entre pointes.

- l'effort de coupe, en cas de jeu, crée un matage (détérioration) des centres d'usinage et, au pire, un accident en permettant à la pièce de voler dans l'atelier. C'est notamment le cas lors des saignées parce que l'effort de coupe est radial.

64

sous-phase n° 5

opération	désignation	schéma	outils	p mm	V m/min	N t/min	f mm/t	A mm/min
1	chariotage finition 4		à charioter coudé à droite	0,4	102	1600	0,1	160
				calculée	102	1600	0,1	160
2	chanfreinage 3 finition		à charioter coudé à droite	2	76	1250	manuel	

Détails concernant la finition:

Le tambour du transversal doit être remis à zéro après avoir tangenté à l'outil,

Effectuer la passe de 0,4 mm, dégager l'outil, arrêter la broche, mesurer au palmer,

La passe de finition sera p = mesure – 17,36 (milieu de l'intervalle de tolérance)

Régler la vitesse de broche , mettre la broche en marche *PUIS* régler la

sous-phase n° 5

opération	désignation	schéma	outils	p mm	V m/min	N t/min	f mm/t	A mm/min
3	réglage de l'orientation du chariot supérieur	8,30° chariot supérieur	comparateur et son support					

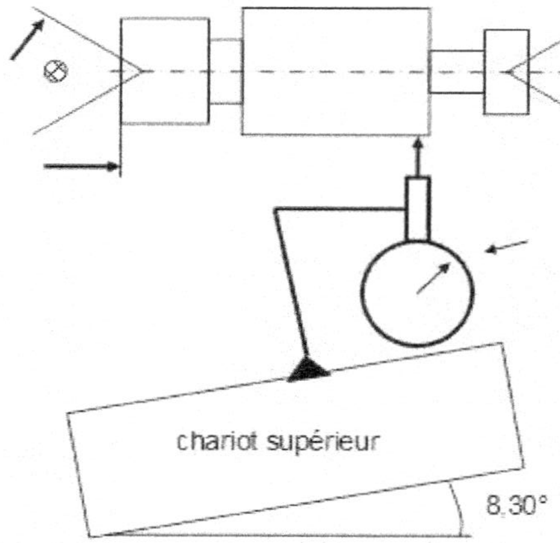

Écrou de blocage du chariot supérieur

Index d'orientation angulaire

Pied magnétique

Support comparateur

comparateur

Desserrer les écrous de blocage du chariot supérieur orientable et tourner celui-ci dans le sens des aiguilles d'une montre de 8,30°.
Serrer légèrement un écrou, reculer le chariot supérieur vers la droite, mettre son tambour à zéro.

Monter un support de comparateur sur le chariot supérieur et faire pointer le comparateur sur le côté droit du cylindre de diamètre 32,5 mm (photo). Pour une mesure juste, le comparateur doit être perpendiculaire au cylindre).

Remettre le cadran du comparateur à zéro.

sous-phase n° 5

opération	désignation	schéma	outils	p mm	V m/min	N t/min	f mm/t	A mm/min
3	réglage de l'orientation du chariot supérieur	chariot supérieur 8,30°	comparateur et son support					

Calculer la course minimale du chariot supérieur: c = 48,40 / cos(8,30) = 48,91 mm. avancer le chariot supérieur vers la gauche de 48,91 mm et noter la variation du comparateur: celle-ci doit être de : (3,5/24) * 48,40 = 7,06 mm. A l'aide d'un maillet, tapoter le chariot supérieur pour ajuster son orientation.

Avancer à nouveau le chariot supérieur de la course de 48.91 mm et noter la variation du comparateur puis reculer le chariot en début de course (le tambour doit tomber sur zéro) et modifier l'orientation au maillet: refaire cette manipulation aussi longtemps que la variation de 7,06 ± 0,02 n'est pas atteinte: vous arrêterez pour une variation comprise entre 7,04 et 7,08. serrer les écrous de blocage du chariot supérieur.

Note:
Au lieu de régler l'orientation du chariot supérieur sur une surface usinée, il est possible d'utiliser un cylindre étalon.
La meilleure solution reste d'utiliser un cône SA 30 étalon du commerce, de le monter entre pointes et de modifier l'orientation du chariot supérieur jusqu'à obtenir une déviation nulle au comparateur.

sous-phase n°5

opération	désignation	schéma	outils	p mm	V m/min	N t/min	f mm/t	A mm/min
4	chariotage ébauche conique 8		couteau à droite	1	37	315	manuel	
				1	37	315	manuel	
				1	37	315	manuel	
				1	37	315	manuel	
				1	37	315	manuel	
				1	37	315	manuel	
				1	37	315	manuel	
5	finition 8			0,4 calcu lée	65	630	manuel	

Régler la vitesse de broche, mettre en marche, vérifier que le chariot supérieur est en début de course à droite, tangenter sur la face 7 (réglage fin avec chariot supérieur), remettre les tambours des traînard et chariot supérieur à zéro, bloquer le traînard (il a deux vis de freinage qui permettent de le freiner sur le banc), dégager l'outil suivant X+

Avec le chariot supérieur, déplacer l'outil vers la gauche de 2 mm, tangenter en X et remettre le tambour du transversal à zéro,

Reculer l'outil suivant X, remettre l'outil en Z = 0 avec le chariot supérieur,

Régler la profondeur de passe p et avancer manuellement le chariot supérieur: ceci est une première passe (photo)

Dégager l'outil en X+, reculer l'outil avec le chariot supérieur pour revenir en Z = 0,

Réaliser les trois autres passes de la même façon puis arrêter la broche,

Vérifier que la dernière passe a usiné tout le cône, mesurer le grand diamètre du cône au palmer, calculer l'écart de diamètre ΔØ = mesure – 31,74. Mettre la broche en route, entrer de ΔØ en X- et faire la finition.

sous-phase n°6

opération	désignation	schéma	outils	p mm	V m/min	N t/min	f mm/t	A mm/min
1	chariotage ébauche 12		à charioter coudé à droite	1,7	40	400	0,2	80
				1,7	40	400	0,2	80
2	chariotage finition 12			calculée	90	1000	0,1	100
3	chanfreinage 13			1	47	630	manuel	

Montage entre pointes: la surface 4 étant finie, il serait dommage de la marquer avec la vis du toc: intercaler une tôle fine appelée "fourrure".

Détails concernant la finition:

En dernière passe d'ébauche, le tambour du transversal doit être remis à zéro après le réglage de la dernière passe.

Effectuer la dernière passe d'ébauche, dégager l'outil, arrêter la broche, mesurer au palmer.

La passe de finition sera p = mesure – 24,99 (24,99 est le milieu de l'intervalle de tolérance)

Régler les vitesses de broche et d'avance, mettre la broche en marche PUIS régler la passe p (la mise en marche du moteur crée un à-coup qui dérègle le chariot d'un à deux centièmes, d'où la nécessité de régler après la mise en marche)

Si le chariot du tour se dérègle aussi lors de l'entrée de l'outil dans la matière, corriger cette erreur lors du réglage (d'où l'intérêt de bien connaître sa

5.1 Le principe.

Etudier l'*isostatisme* d'une pièce, c'est étudier la mise en position et le maintien en position de cette pièce en éliminant tous les mouvements qu'elle pourrait avoir avec le porte-pièce (mandrin par exemple).

Comme l'espace a trois dimensions, une pièce a six mouvements possibles dans l'espace : trois translations Tx, Ty, Tz et trois rotations Rx, Ry, Rz. Pour mettre une pièce en position, il faut donc supprimer les six mouvements possibles.

Les axes de tour étant désignés par convention (voir chapitre 1), on obtient le schéma suivant :

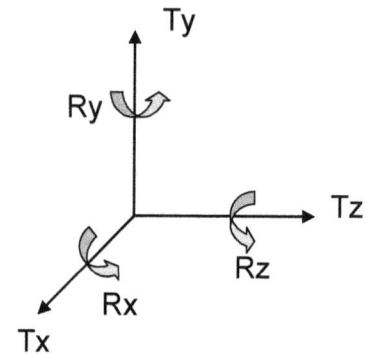

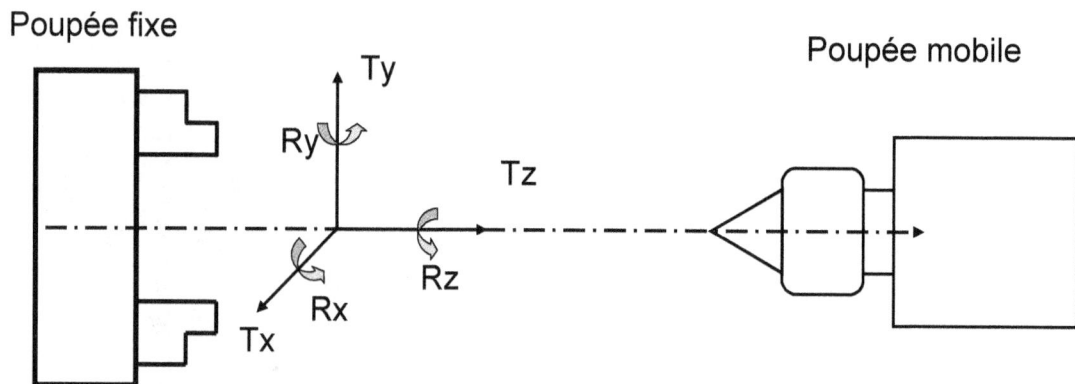

Les règles :

1) il faut supprimer tous les six mouvements possibles de la pièce.

- soit par un appui (mouvement bloqué),

- soit par serrage (mouvement freiné)

2) Seul un appui garantit la précision dimensionnelle ou géométrique (par exemple, il faut être conscient qu'un léger glissement de la pièce dans le mandrin détruit toute la précision des cotes en Z)

3) Il est interdit de supprimer deux fois le même mouvement (si le même mouvement est supprimé plusieurs fois, cela peut générer d'énormes contraintes et la pièce se déformera au desserrage). On appelle ça *l'hyperstatisme*.

La fiche technique ci-dessous présente les différentes solutions utilisées en tournage :

FICHE TECHNIQUE: ISOSTATISME

Caractéristiques	Exemple et représentation
Le centrage est court si la longueur de contact pièce-mors est inférieure ou égale à D / 2. Un centrage court enlève 2 degrés de liberté, Tx et Ty.	
La contrepointe est un tronc de cône de centrage. Elle ne comporte pas d'appui ponctuel car la poupée mobile peut reculer. Une contrepointe enlève 2 degrés de liberté, Tx et Ty	
L'appui plan est constitué d'une surface plane entière. Il est considéré plan si la pièce ne sort pas de plus que 2 fois la dimension du plan. Un appui plan enlève 3 degrés de liberté, Rx, Ry, Tz.	Le repos des mors va créer l'appui plan

FICHE TECHNIQUE: ISOSTATISME	
Caractéristiques	Exemple et représentation
La pointe fixe est un tronc de cône de centrage avec appui ponctuel. Elle comporte un appui ponctuel car la poupée ne peut pas reculer. Une pointe fixe enlève 3 degrés de liberté, Tx, Ty, Tz.	
Un centrage long est réalisé lorsque la longueur de contact est au moins égale au diamètre. Un centrage long enlève 4 degrés de liberté: Tx, Ty, Rx, Ry.	 Longueur de contact mors - pièce: >= D
Les cônes morse et américain sont des troncs de cône pour centrage long avec appui ponctuel. Un centrage long avec appui ponctuel enlève 5 degrés de liberté: Tx, Ty, Tz, Rx, Ry.	 Cône morse

FICHE TECHNIQUE: ISOSTATISME	
Caractéristiques	Représentation simplifiée
Un montage mixte est constitué d'un centrage court à gauche et d'une contrepointe (tronc de cône de centrage) à droite. Un montage mixte enlève 4 degrés de liberté: Tx, Ty, Rx, Ry.	Longueur de contact mors - pièce: <= D/2
Un montage entre pointes est constitué d'une pointe fixe (tronc de cône avec appui ponctuel) et d'une contrepointe (tronc de cône de centrage) à droite. Un montage entre pointes enlève 5 degrés de liberté: Tx, Ty, Tz, Rx, Ry.	

5.2 Quelques exemples.

Voici un montage : Est-il bon?

Règle 1 :

Le centrage long bloque les mouvements Tx, Ty, Rx, Ry.

La contrepointe bloque les mouvements Tx, Ty.

Le serrage du mandrin freine les mouvements Tz et Rz.

Conclusion : les six mouvements Tx, Ty, Tz, Rx, Ry, Rz sont soit bloqués, soit freinés : la règle 1 est respectée.

Règle 2 :

Si jamais la pièce glisse dans les mors, la précision des cotes selon l'axe Z sera mauvaise.

Conclusion : la règle sera respectée si le serrage est suffisant ou les efforts de coupe pas excessifs.

Règle 3 :

Il est interdit de supprimer deux fois le même mouvement. Or Tx et Ty sont supprimés deux fois.

Conclusion : la règle 3 n'est pas respectée : ce montage est mauvais.

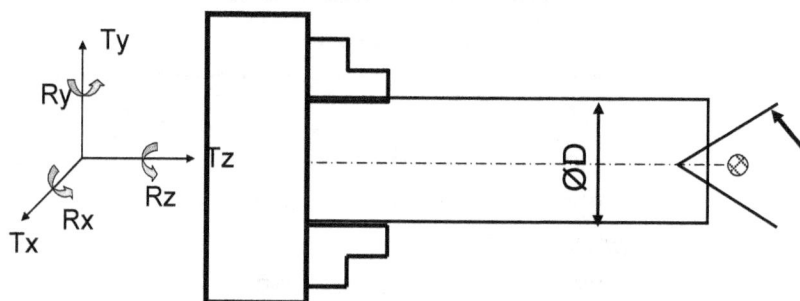

Que dire de cet autre montage?

Règle 1 : l'appui plan sur le repos des mors bloque les mouvements Rx, Ry, Tz. Le centrage court bloque les mouvements Tx, Ty. Le serrage du mandrin freine le mouvement Rz. La règle 1 est respectée.

Règle 2 : si la pièce glisse en tournant suivant Z, les angles à respecter autour de l'axe Z seront faux (trois trous à 120 ° par exemple). Il faudra surveiller le serrage pour respecter la règle.

Règle 3 : Aucun des mouvements n'est supprimé deux fois : la règle est respectée.

Conclusion : le montage est bon. (il pourra être utilisé dans le dernier exercice du livre)

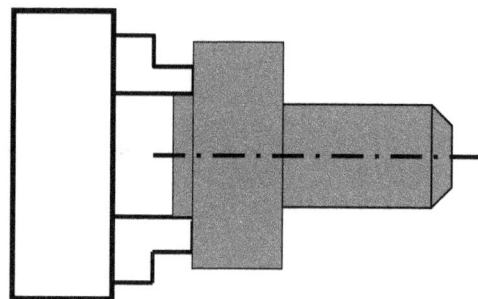

74

L'exercice proposé ci-dessous se propose de réaliser la première pièce d'un vérin d'appui utile en fraisage : il s'agit d'une tige de vérin à vis.

6.1 Analyse / discussion du dessin

La pièce proposée nécessitera l'emploi de deux machines outils différentes : un tour et une perceuse sensitive. Le perçage ne sera pas développé dans les lignes qui suivent (ce n'est pas le thème de l'ouvrage) mais ne présente aucune difficulté particulière. Nous étudierons donc uniquement la phase tournage.

La pièce proposée est typiquement une pièce de **decolletage** : l'usineur fait traverser toute une barre de Ø 50 mm dans la broche (les broches des tours sont creuses), usine une pièce, la tronçonne, avance la barre à nouveau, usine la deuxième pièce puis la tronçonne etc. C'est un procédé de fabrication en série. Nous garderons cette idée en tête même si nous ne fabriquerons qu'une seule pièce, car le fait de serrer la barre nous permettra d'usiner tout l'extérieur de la pièce dans une même sous-phase (pas de démontage de la pièce). Un gain de temps appréciable. Pour l'exercice, prenez un rond de diamètre 50 mm de longueur au moins égale à 100 mm.

6.2 La gamme de fabrication

Toutes les opérations peuvent se faire en une seule sous-phase. La pièce sera montée en l'air puisqu'elle est courte et qu'il n'y a aucune précision particulière à obtenir. Les opérations à prévoir sont :
- dressage 1,
- chariotage 3,
- gorge à fond plat 4, 5 et 6
- filetage 3,
- chanfreinage 2,
- chariotage 8 et chanfreinage 7 et 9,
- moletage 8,
- tronçonnage.

M33x3,5   Ø50

4 trous diamètre 6 **9**
x 6 à 90°

trou diamètre 12 x 11mm

moleté   **8**

10

Ø25

6
9
6
12

4
8

5

36

7

3

1,24   60°

1

2

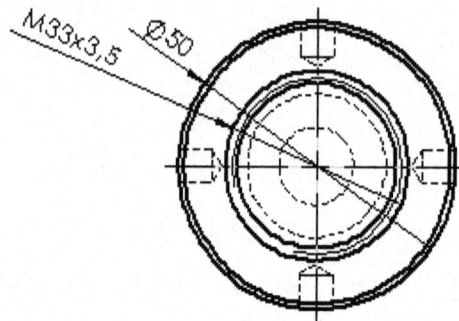

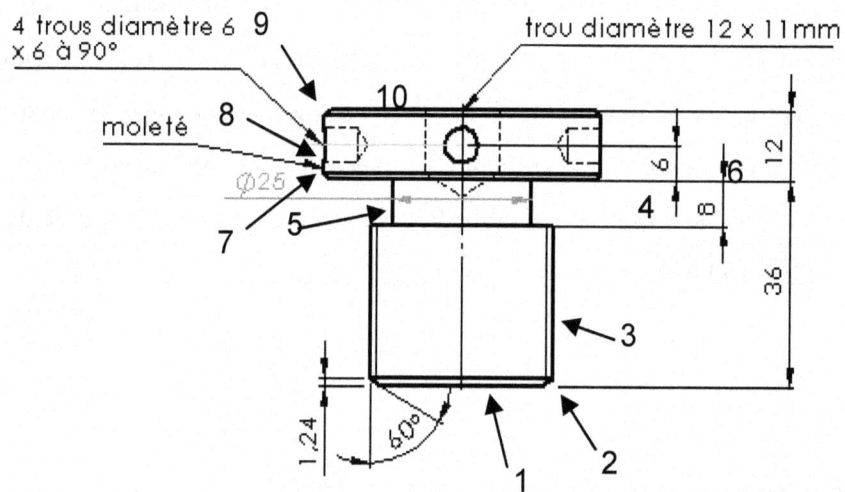

chanfreins 1mm x 45° sauf précision

matière: E 335	tolérance générale: ISO 2768-m	échelle: 1:1
nom Y.Bauswein		date: 2015

Tige de vérin d'appui

Les opérations de tournage extérieur

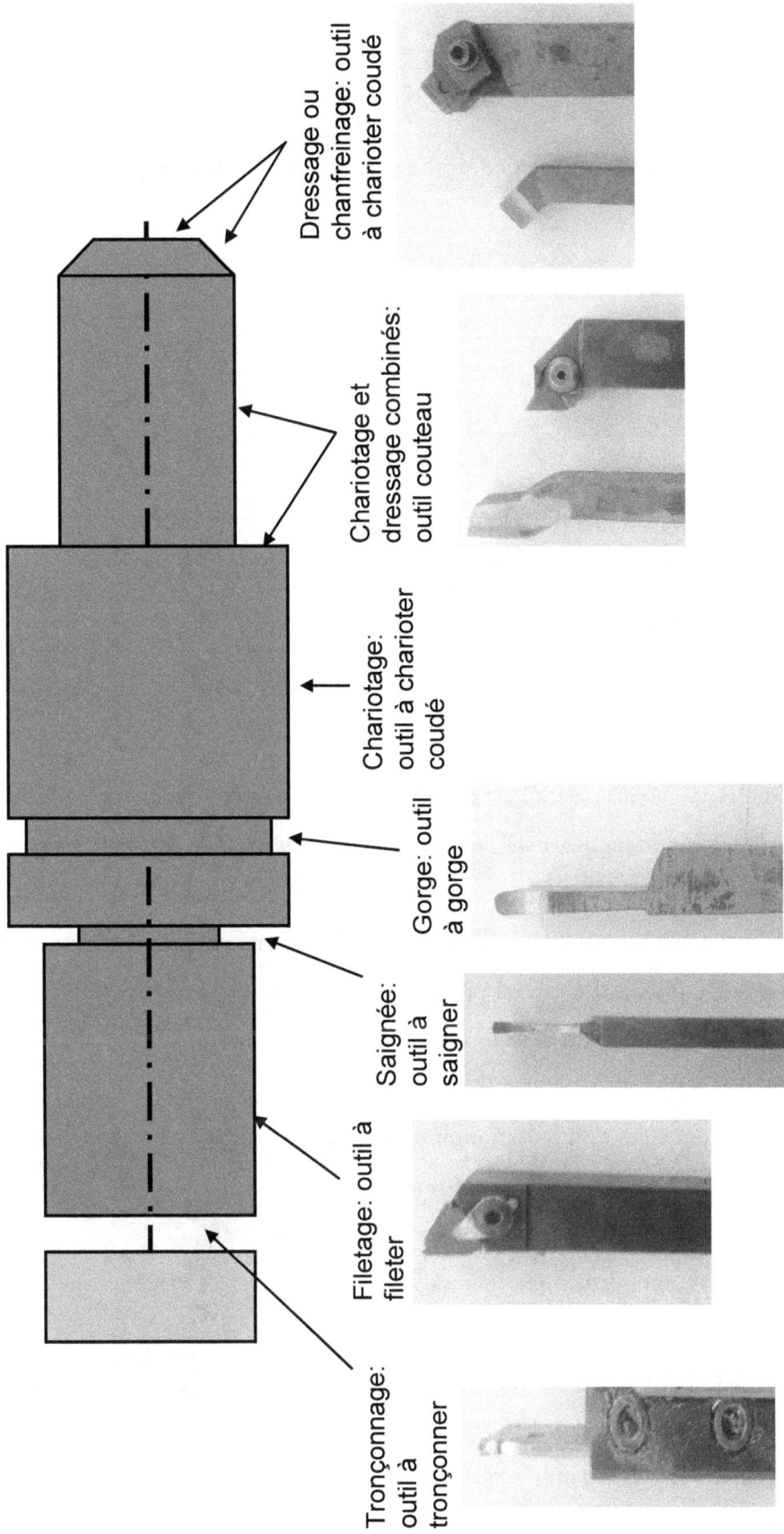

Dressage ou chanfreinage: outil à charioter coudé

Chariotage et dressage combinés: outil couteau

Chariotage: outil à charioter coudé

Gorge: outil à gorge

Saignée: outil à saigner

Filetage: outil à fileter

Tronçonnage: outil à tronçonner

6.2.1 Le filetage

Le filetage est un usinage de forme : la forme de l'outil est reproduite dans la pièce par pénétration.

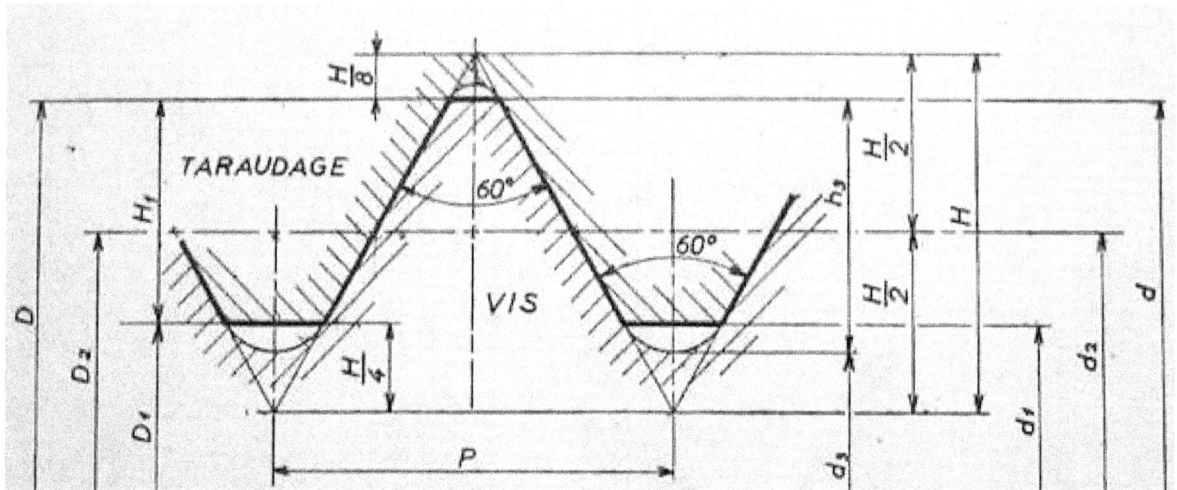

TARAUDAGE

VIS

60°

60°

$\frac{H}{8}$

$\frac{H}{4}$

$\frac{H}{2}$

$\frac{H}{2}$

H

D

D_2

D_1

H_1

P

h_3

d

d_2

d_1

d_3

Le profil métrique normalisé ISO est construit sur un triangle équilatéral, à 60°. Il est tronqué d'un huitième sur la vis et d'un quart sur l'écrou pour une question de résistance. Les fonds de filet et de taraudage sont arrondis. La portée réelle vis - écrou s'effectue sur 5/8 de la hauteur du triangle. Les côtés du triangle ont une longueur égale au pas. Le profil est donc entièrement déterminé dès qu'on connaît la valeur du pas. De plus, le filetage est positionné de telle manière que le sommet du filet est sur le diamètre nominal. Ainsi, la mention du dessin M 33 x 3,5 (diamètre nominal 33 mm, pas 3,5 mm) définit entièrement le filetage.

Pour usiner celui-ci, il faut monter un outil à fileter au profil ISO sur la tourelle porte-outils. L'avance f est définie : elle est égale au pas. Or il existe deux moyens de transmission du mouvement au traînard : un arbre, appelée **barre de chariotage** et une vis appelée **vis mère**. Seule la vis mère est de grande précision : nous l'utiliserons pour le filetage. Sur la figure ci-contre, nous apercevons le levier permettant d'embrayer la vis mère ainsi que la vis mère elle-même en arrière plan. La vitesse de broche sera la plus lente possible (20 t/min

sur la boite des vitesses) car l'usineur est très actif sur ce type d'opérations. Quant à la pénétration p, elle sera progressive (plusieurs passes nécessaires) et vaudra finalement $h_3 = 0,613$ pas.

Pour l'exercice, cela donne :

N = 20 t/min

f = 3,5 mm /t

p = 0,613 x 3,5 = 2,15 mm

Il se peut qu'en fin de filetage le diamètre soit supérieur au diamètre nominal : si le principe d'action de l'outil (et le seul souhaité!) est d'enlever du copeau, il arrive qu'il refoule également la matière. Il faudra araser alors le filetage.

Pour ce filetage, nous utiliserons la méthode de filetage à pénétration normale (les pénétrations sont réglées suivant l'axe X-). Cette méthode donne des copeaux en forme de Vé car l'outil usine les deux flancs du filet en même temps. Il existe une autre méthode de filetage à pénétration oblique pour les gros filetages : elle n'est pas décrite dans ce livre.

N'oubliez pas qu'un livre a ses limites et qu'il existe de bonnes videos sur le filetage…

6.2.2 Le moletage

Le moletage est un procédé d'obtention de forme par refoulement. Il n'y a pas d'enlèvement de matière. Le refoulement nécessite une très forte pression mécanique sur la surface, sans laquelle les molettes ne pénètrent pas. Pour moleter de façon efficace, nous n'appliquerons qu'un tiers des molettes sur la pièce (ce qui augmente la pression car la surface d'action est plus faible) et lorsque le résultat sera convenable, nous engagerons une avance automatique faible et lubrifierons. De plus, pour que les stries obtenues recouvrent bien, il faut que le diamètre de la pièce soit un multiple du module des molettes (exactement comme les roues dentées). Le diamètre étant de 50 mm et l'outil choisi ayant un module de 2mm (noté sur la molette), 50 est bien un multiple de 2 : l'outil convient.

sous-phase n° 1

opération	désignation	schéma	outils	p mm	V m/min	N t/min	f mm/t	A mm/min
1	dressage finition 1		à charioter dresser coudé à droite	0,5	71	400	0,1	40
2	chariotage finition 3 longueur 36 mm	brut Ø 50 en barre ou longueur 130, longueur sortie 80 mm	couteau à droite	2	38	250	0,2	50
				2	38	250	0,2	50
				2	38	250	0,2	50
				2	38	315	0,2	63
				0,5	95	900	0,1	90
3	dégagement 6 et 5 finition		à saigner R20	6	20	200	0,1	20
4	dégagement 4 finition		à saigner R20	2	30	250	0,1	25

sous-phase n°

opération	désignation	schéma	outils	p mm	V m/min	N t/min	f mm/t	A mm/min

La feuille de sous-phase 1 suffit au tourneur, bien qu'il pourrait avantageusement y figurer les moyens de contrôle et les cotes à contrôler. Si l'expérience nécessaire vous manque, vous pouvez utiliser la feuille de sous-phase vide pour rédiger votre feuille en y faisant figurer tout ce que vous estimez nécessaire. La même logique peut être utilisée dans un atelier, où l'ensemble des opérateurs sur machine outil n'a pas la même expérience.

La boite des avances en vis mère métrique.

Sur ce tour, il est possible de changer un train d'engrenages, appelée *lyre*, dans une boite à gauche de poupée fixe : tout ce passe comme si le fournisseur proposait deux boites de vitesses d'avances différentes pour le tour, pour doubler les possibilités de la machine. Heureusement, les lyres et le nombre de dents des roues sont dessinés sur la machine. Il faut ouvrir la porte de cette boite et vérifier quelle lyre est actuellement montée (changer la lyre si nécessaire).

Pour chacune des lyres, il y a trois tableaux :
- un tableau qui sert pour le chariotage et qui est valable si c'est la barre de chariotage qui entraîne le traînard,
- un tableau de filetage en pouces, valable si l'entraînement du traînard se fait par vis mère,
- un tableau de filetage en millimètres, valable si l'entraînement du traînard se fait par vis mère.
Pour notre exemple (un pas métrique de 3,5 mm), il faut :
- se placer dans la colonne verte de droite, car nous avons une vitesse de broche de 20 t/min (zone verte de la boite de vitesses)
- choisir les tableaux des pas métriques,
- repérer dedans la valeur 3,5 mm,
- faire le réglage correspondant (A 7 dans l'exemple),
- vérifier que la lyre est la bonne (dans notre exemple, la lyre du bas, avec les roues de 30, 81, 91, 81 et 68 dents).
Si vous pensiez (naïvement!) qu'une boite de cinq vitesses d'automobile était compliquée…
La démarche, un peu sportive c'est vrai, est la même pour toutes les machines.

Sur le tour, il y a deux lyres possibles.

Tableau de filetage à la vis mère, en système métrique

Valeur cherchée: 3,5 mm

Tableau de filetage à la vis mère, en pouces

Tableau de chariotage à la barre de chariotage

sous-phase n°1

opération	désignation	schéma	outils	p mm	V m/min	N t/min	f mm/t	A mm/min
5	filetage 3	inchangé	à fileter ISO			20	3,5	

Monter un outil à fileter sur la tourelle porte outil, régler la hauteur et bloquer,

Régler la vitesse de broche au minimum (20 t/min),

Régler la boite des avances,

Faire tourner la broche et tangenter la surface avec l'outil, remettre le tambour du transversal à zéro,

Embrayer la vis mère : l'outil doit avancer et légèrement marquer sur la pièce; arrêter la broche dès que l'outil atteint la gorge,

Vérifier le pas au réglet (mesurer sur 5 pas : on doit trouver 17,5 mm),

Dégager l'outil au transversal, faire tourner la broche à l'envers,

Arrêter la broche lorsque l'outil est à droite de la pièce,

Régler une profondeur de passe de 0,20 mm,

Faire tourner la broche dans le sens normal : l'outil avance et taille le filet; arrêter la broche dès que l'outil est dans la gorge,

Dégager l'outil au transversal, faire tourner la broche à l'envers, arrêter la broche lorsque l'outil est à droite de la pièce,

Reprendre une passe de 0,20 mm et recommencer,

Effectuer 10 passes pour une pénétration totale de 2 mm,

Faire une passe de finition en pénétrant de 0,15 mm,

Effectuer une dernière passe à vide et recommencer autant de fois que l'outil enlève encore du copeau, puis arrêter la broche.

Attention : en fin de course de filetage, l'outil est très proche de la face 6 : il ne doit jamais la toucher, sans quoi il peut y avoir de la casse! Il faut arrêter la broche tout de suite à la fin du filet, voire légèrement avant compte tenu de l'inertie de la broche. Il est conseillé de s'entraîner à vide (en dehors de la pièce pour acquérir le réflexe.

sous-phase n°1

opération	désignation	schéma	outils	p mm	V m/min	N t/min	f mm/t	A mm/min
6	chanfreinage 2		à fileter ISO	2,15	58	500	manuel	
7	chariotage 8 écroûtage		à charioter dresser coudé à droite	1	47	315	0,2	63
8	moletage 8		à moleter croisé module 2	0,4	13	80	0,2	16

Monter l'outil à moleter en veillant à ce que, les molettes contre la pièce, le palonnier des molettes plaque les deux molettes en gardant une liberté de mouvement,

Régler les vitesses de broche et d'avance,

Faire chevaucher un tiers de la largeur des molettes sur la pièce, mettre la broche en route et appuyer progressivement les molettes avec la manivelle du transversal,

Lorsque l'empreinte a bel aspect,, arroser et embrayer l'avance automatique,

En bout de course, débrayer, arrêter l'arrosage, augmenter la pénétration de l'outil, arroser, inverser l'avance et embrayer,

Lorsque le résultat est bon, dégager l'outil et arrêter la machine.

sous-phase n°1

opération	désignation	schéma	à retoucher / outils	1 / p mm	75 / V m/min	400 / N t/min	manuel / f mm/t	12,5 / A mm/min
9	chanfreinage 7 et 9							
10	tronçonnage 10		à tronçonner R 16 q-30°	5	22	125	0,1	12,5

Mesurer la longueur d'arête de l'outil (5 mm dans l'exemple), monter l'outil à tronçonner, régler sa hauteur et bloquer,

Régler les vitesses de coupe et d'avance,

Tangenter l'outil sur la surface 1, mettre le tambour du traînard à zéro,

Déplacer l'outil vers la gauche (Z-) de 48 + longueur d'arête (48 + 5 = 53 mm dans l'exemple),

Mettre la broche en marche, arroser et embrayer l'avance automatique transversale,

Tronçonner jusqu'au centre (la pièce tombe dans le bac),

Arrêter la machine.

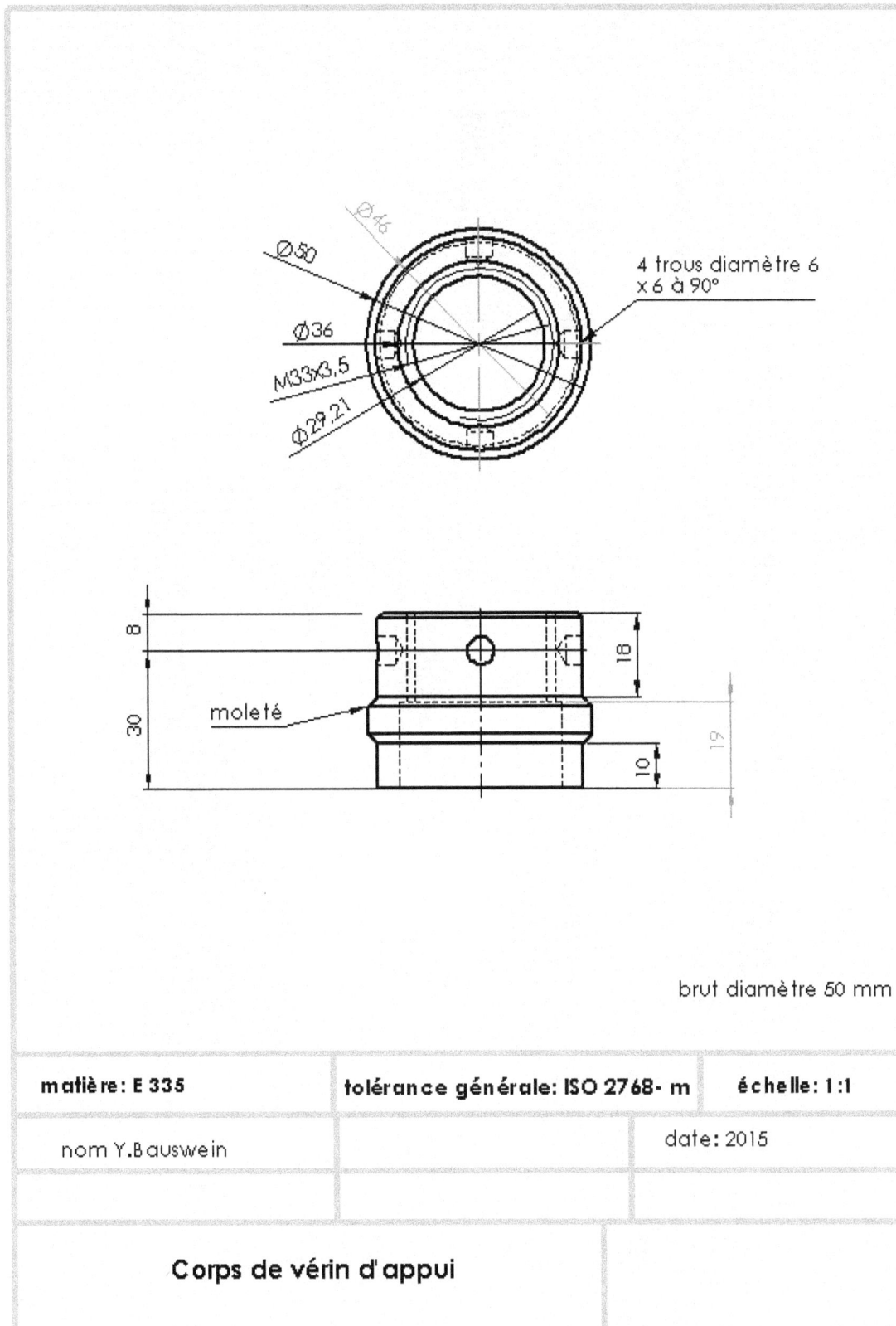

Ø46
Ø50
Ø36
M33x3,5
Ø29.21

4 trous diamètre 6
x 6 à 90°

8
30
18
19
10

moleté

brut diamètre 50 mm

matière: E 335	tolérance générale: ISO 2768- m	échelle: 1:1
nom Y.Bauswein		date: 2015
Corps de vérin d'appui		

Les opérations de tournage intérieur

Outil à aléser dresser

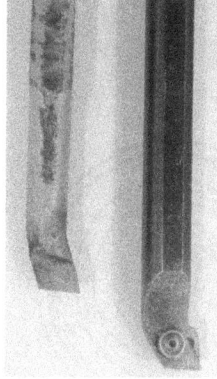

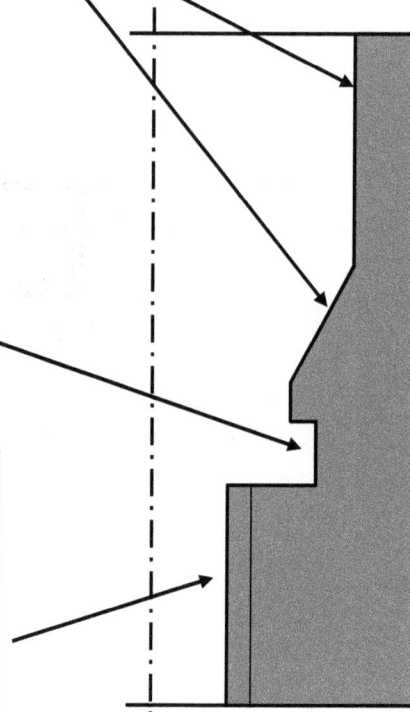

Outil à chambrer

Outil à fileter d'intérieur

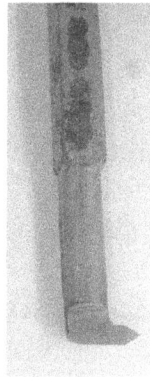

Le corps de vérin d'appui dont la fabrication est proposée complètera la tige de vérin pour composer un ensemble utile en fraisage.

7.1 Analyse discussion du dessin

La pièce proposée nécessitera l'emploi de deux machines outils différentes : un tour et une perceuse sensitive. La phase perçage ne sera pas développée dans les lignes qui suivent. Nous étudierons uniquement la phase tournage.

Les opérations nouvelles à envisager sont les suivantes : perçage au tour, alésage (ou chariotage cylindrique d'intérieur), taraudage. De plus, nous ferons de l'appairage, qui consiste à tarauder de manière à ce que la tige de vérin se visse correctement dans le corps de vérin : n'est-ce pas là tout ce que le client demande au taraudage?

7.2 la gamme de fabrication

7.2.1 Le perçage

Nous devons obtenir avant taraudage le diamètre extérieur de l'écrou : le diamètre D_1 sur le schéma du filetage ISO. Pour obtenir ce diamètre, il faut partir du diamètre nominal $D = 33$ mm et soustraire deux fois la hauteur H_1. Or cette hauteur est égale à $5/8$ H et la hauteur H est telle que H = pas * cos (30°).

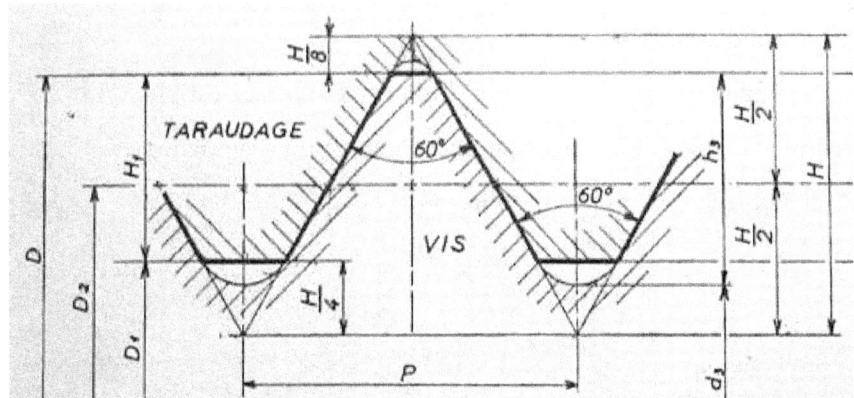

D'où :

H = 3,5 * cos(30) = 3,031 mm

H_1 = 5 /8 H = 1,894 mm

D_1 = D – 2 x H_1 = 29,21 mm.

Pour les fâchés des mathématiques, voici un moyen de ne plus se tromper entre sinus et cosinus:
- dessinez un triangle rectangle,
- écrivez les noms sur les côtés,
- notez le S d'opposé et le C d'adjacent,
- déduisez-en les positions des sinus et cosinus.

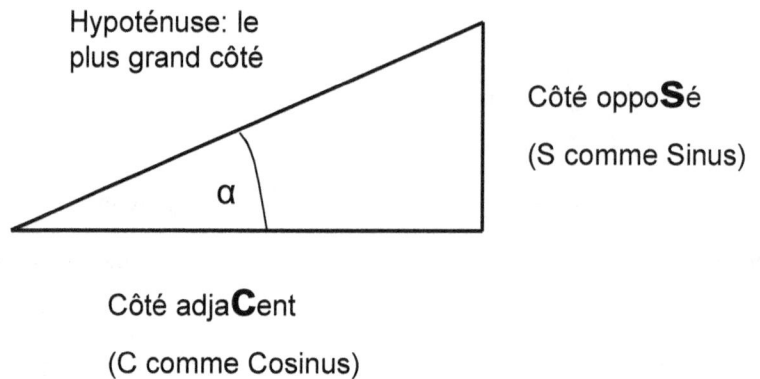

Hypoténuse: le plus grand côté

Côté oppo**S**é
(S comme Sinus)

α

Côté adja**C**ent
(C comme Cosinus)

Nous percerons un avant-trou à Ø 7 (le quart du Ø 28), puis un trou au Ø 28, puis alèserons à l'outil jusqu'à Ø 29,21 mm. Le perçage d'un avant-trou, qui peut sembler superflu puisque le foret de Ø 28 permet d'obtenir le résultat en un seul perçage, présente un avantage certain. En effet, un foret comporte trois arêtes : deux arêtes latérales et une arête frontale : cette dernière n'a pas de dépouille et n'essaie de pénétrer la matière que par matage, d'où un effort de pénétration très élévé. L'avant-trou permet au foret de diamètre 28 de travailler uniquement avec ses arêtes latérales et de diminuer considérablement l'effort de pénétration. En règle générale, il faut toujours qu'un avant-trou contienne entièrement l'arête frontale du foret suivant. La règle du quart du diamètre permet d'y parvenir.

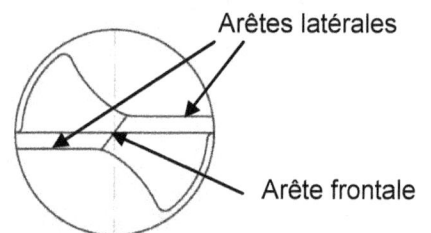

Arêtes latérales

Arête frontale

Nous utiliserons pour le Ø28 un foret dont la queue est un cône morse. Une douille de même conicité permettra d'emmancher l'ensemble sur la poupée mobile.

7.2.2 L'alésage

La précision en alésage est plus difficile à obtenir qu'en chariotage, ceci pour une raison principale : l'outil à aléser dépasse plus de la tourelle que l'outil à charioter car il doit pénétrer à l'intérieur de la pièce. Du coup, la flexion de l'outil sous l'effet de l'effort de coupe devient importante et la précision des cotes obtenues est plus faible. Plusieurs méthodes permettent de lutter contre cet inconvénient :

- utiliser le plus gros corps d'outil à aléser qui entre encore dans le trou de diamètre 28 issu du perçage (rigidité maximale),
- limiter les profondeur de passe et avance par tour pour limiter la section du copeau et l'effort de coupe, particulièrement en finition,
- sortir l'outil de la tourelle du strict nécessaire (réduction du porte à faux),
- préférer l'alésoir machine à l'outil à aléser chaque fois qu'il existe un alésoir pour la cote à fabriquer (dans l'exercice cette dernière méthode est impossible car il n'existe pas d'alésoir de diamètre 29,21 mm).

Nous utiliserons un outil à aléser dresser (figure ci-contre).

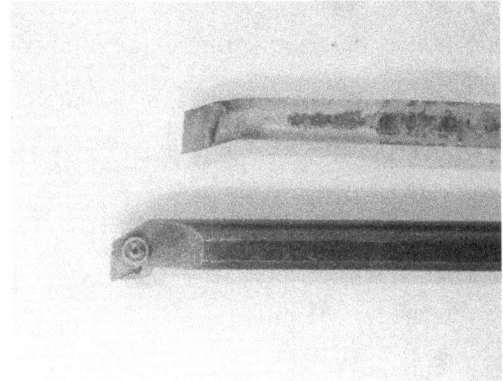

7.2.3 Le taraudage

Sur le schéma du profil ISO, la zone de contact vis écrou se situe entre 2/8 H et 7/8 H : cette zone n'est volontairement pas symétrique, ce qui rend les filets d'écrous beaucoup plus résistants que les filets de vis. Par suite, la pénétration de l'outil de taraudage n'est pas la même que celle de filetage. L'outil devra pénétrer de 5/8 H + la hauteur de la calotte sphérique au creux du taraudage. Or :

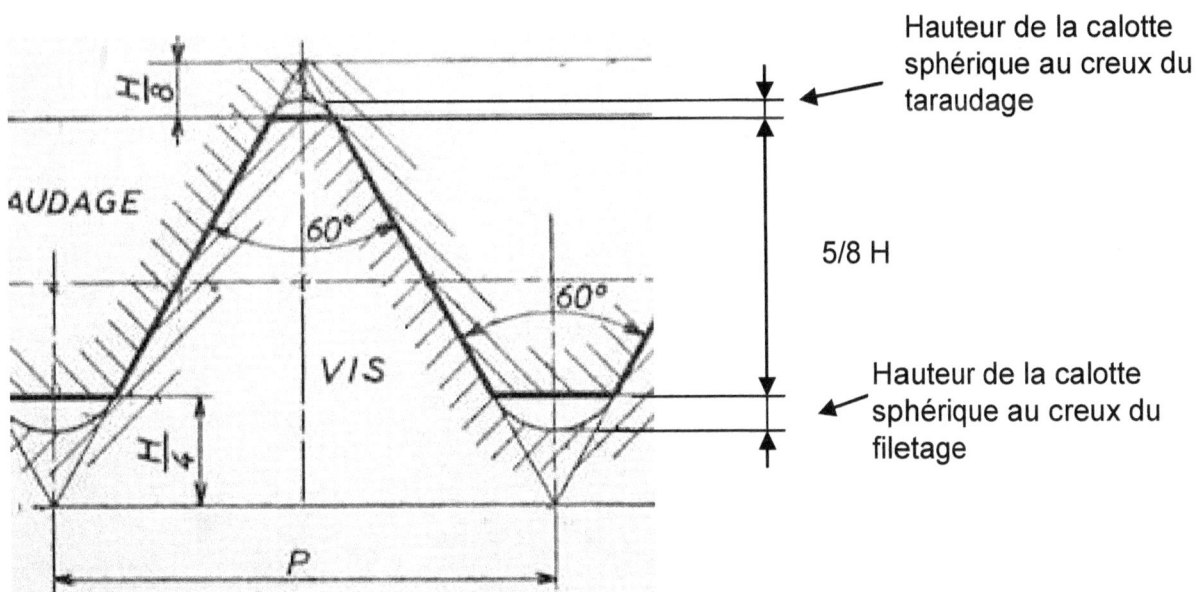

Hauteur de la calotte sphérique au creux du taraudage

5/8 H

Hauteur de la calotte sphérique au creux du filetage

5/8 H = 5/8 x pas cos30° = 0,541 pas

5/8 H + la hauteur de la calotte sphérique au creux du filetage = 0,613 x pas.

La hauteur de la calotte sphérique au creux du filetage = 2 x hauteur de la calotte sphérique au creux du taraudage (en effet, le triangle au creux du filetage est de hauteur H/4 alors que le triangle au creux du taraudage est de hauteur H/8). La hauteur de la calotte sphérique au creux du taraudage est donc de : pas x (0,613 − 0,541)/2 = 0,036 pas. D'où p taraudage = pas x (0,541 + 0,036)= 0,577 pas.

D'où les résultats finaux utiles à l'usineur :

p filetage = 0,613 pas

p taraudage = 0,577 pas

Appliquons : 0, 577 x 3,5 = 2,02 mm

Nous utiliserons un outil à fileter d'intérieur (figure ci-contre).

7.2.4 L'organisation du travail

Nous allons utiliser la fiche technique d'étude des sous-phases page 37.

Liste des surfaces à réaliser :

1, 2, 3, 4, 5, 6, 7, 8, 9, 10 et 11.

Liste des sous-phases et de leurs opérations :

Les surfaces 1, 2, 3, 4, 5, 6, 7 peuvent être obtenues dans une même sous-phase A
Les surfaces 8, 9, 10 et 11 peuvent être obtenues dans une autre sous-phase B
Il y a donc deux sous-phases à priori.

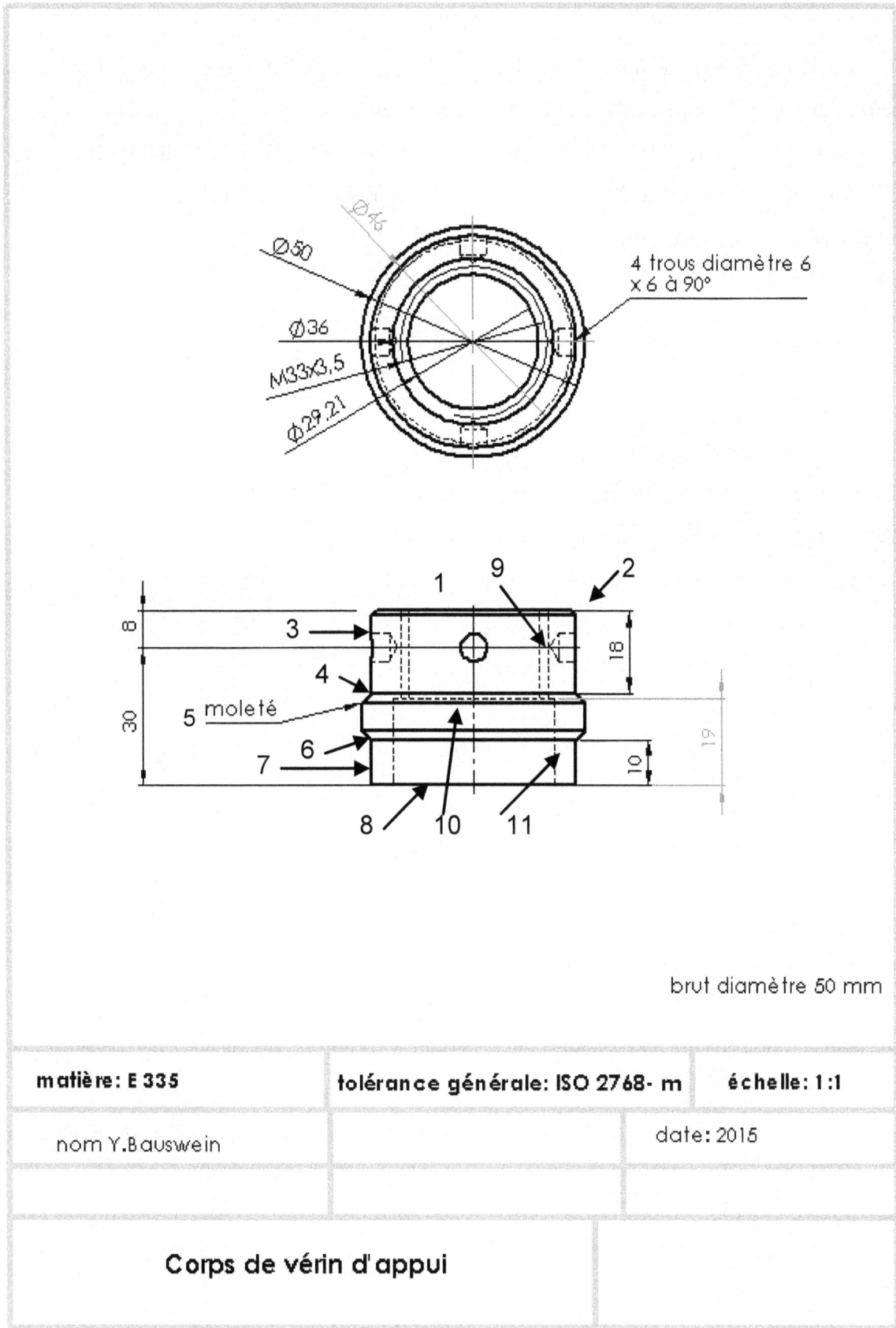

Ø50
Ø46
Ø36
M33X3,5
Ø29,21

4 trous diamètre 6
x 6 à 90°

1 9 2
3
8
18
30
19
5 moleté
6
7 10
8 10 11

brut diamètre 50 mm

matière: E 335	tolérance générale: ISO 2768- m	échelle: 1:1
nom Y.Bauswein		date: 2015

Corps de vérin d'appui

Chronologie des opérations.

La fabrication comporte quelques petites difficultés : les outils à fileter et tarauder doivent *déboucher* (terminer leur travail dans le vide). Il faut donc commencer par aléser la surface 11 puis tarauder la surface 9. De plus, il faut d'abord percer 9 avant d'aléser 11. Compte tenu de la tête du foret Ø 28 à 120° (hauteur de tête conique 28 mm / 4 = 7 mm), il faut percer à une profondeur de 50 mm. L'ordre des opérations est le suivant :

- perçage 9

- alésage 11

- taraudage 9

La surface 11 peut être réalisée de deux manières :

- par alésage, ce qui suppose que la face 8 soit sortie du mandrin,

- par *chambrage* (opération qui consiste à faire entrer un outil à chambrer (figure ci-contre) dans un trou de petit diamètre, Ø 29,21 dans l'exemple, pour usiner un alésage appelé *chambre* de plus gros diamètre, Ø 36 dans l'exemple). Dans ce cas, la face 1 doit être sortie du mandrin.

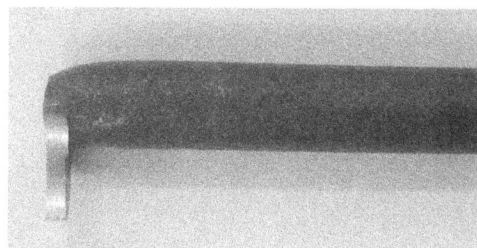

Le chambrage étant plus difficile à réaliser que l'alésage, il faut usiner la face 8 avant la face 1. L'ordre des opérations est le suivant :

- dressage 8,

- tronçonnage 1

Le chariotage de 3 doit se faire avant le chanfreinage de 2.

L'usinage de 6 et 7 doit se faire après le dressage de 8 pour respecter la cote de 10 ± 0,2.

Les chanfreins 4 et 6, pour être beaux, doivent être réalisés après le moletage 5. L'ordre des opérations est le suivant :

- moletage 5,

- chanfreinage 4 et 6.

Le respect de la cote de 18 ± 0,2 suppose de venir tangenter en surface 1 pour pouvoir réaliser le chanfrein 4. Deux solutions existent :

- tronçonner 1 puis usiner 3, 4 en respectant directement la cote de 18 ± 0,2, ce qui implique deux sous-phases,

- sans tronçonner la pièce, transférer la cote de 18 ± 0,2 (cote à remplacer, dite *cote condition*) et créer une nouvelle cote Cf, dite *cote de fabrication*. Or, ceci implique les cotes 30 ± 0,2 et 8 ± 0,2, dont la somme des intervalles de tolérance (±0,2 +±0,2 mm = 0,8 mm) est déjà supérieure à l'intervalle de tolérance de la cote condition (±0,2 = 0,4 mm). Le transfert de cote est donc impossible.

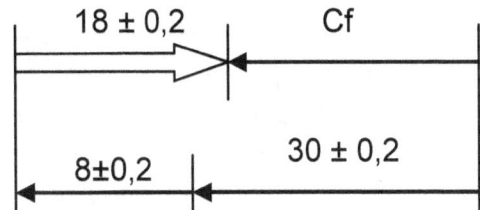

Pour une pièce unitaire, nous n'allons pas rediscuter les cotes du dessin avec le client : nous envisagerons tout simplement le tronçonnage.

Classer toutes les opérations chronologiquement devient compliqué : pour cela, il existe une technique efficace dite des tableaux d'antériorités (méthode PERT). Voici le tableau des antériorités relatif à toutes les contraintes de fabrication précédentes :

opérations antérieures	opérations											
	1	2	3	4	5	6	7	8	9 éb.	9 fin.	10	11
1			■									
2												
3		■										
4												
5				■		■						
6												
7												
8	■					■	■					
9 ébauche										■		■
9 finition												
10												
11										■	■	

Ce tableau est très facile à lire : pour faire l'opération 2 (cherchez 2 sur la ligne en haut du tableau) il faut avoir fait 3. Il existe des opérations pour lesquelles il ne faut avoir rien fait (la colonne est vide) : 5, 8, 9 ébauche. Ces opérations peuvent être faites dès le début. L'ordre des opérations est le suivant :

5 et 8 et 9éb

Une fois ces trois opérations réalisées, nous redessinons le tableau en supprimant celles-ci :

opérations antérieures	opérations								
	1	2	3	4	6	7	9 fin.	10	11
1			■	■					
2									
3		■							
4									
6									
7									
9 finition									
10									
11								■	■	

Il apparaît que les opérations 1, 6, 7 et 11 peuvent être effectuées. Or l'opération 1 (tronçonnage) ne peut pas être faite dans la même sous-phase : elle ne nous intéresse pas. 6 et 7 nous intéressent beaucoup car elles sont faites avec le même outil à charioter coudé que 8 : ce serait parfait s'il était possible de les faire juste après 8. Cela donne l'ordre suivant : 5 et 9éb, 8, 6 et 7, 11.

Pour dessiner le prochain tableau, nous supprimons donc seulement 6, 7 et 11.

Les opérations 1, 9 fin et 10 peuvent être envisagées. L'opération 10 se fait directement après 11 en dégageant l'outil. Elle est donc la première à ajouter à notre liste. Les autres opérations nécessitent une nouvelle sous-phase.

La sous-phase 1 comporte l'usinage de 5 et 9éb, 8, 6 et 7, 11 et 10.

La sous-phase 2 commence forcément par les surfaces que nous avons laissées de côté provisoirement : 1 et 9 finition. Cela donne l'ordre suivant : 1, 9 finition.

Dessinons le prochain tableau d'antériorités :

3 et 4 peuvent être réalisées ; Après 3, il est possible de faire 2.

Liste des sous-phases dans l'ordre de réalisation :

Sous-phase 1 : 5 et 9éb, 8, 6 et 7, 11 et 10, 1

Sous-phase 2 : 9 finition, 3, 4, 2

opérations antérieures	opérations		
	2	3	4
2			
3	■		
4			

L'ordre des sous-phases et des opérations étant correcte, nous pouvons établir les feuilles d'instructions détaillées.

7.2.5 Gestion de la reprise d'usinage

Puisqu'il apparaît maintenant la nécessité de réaliser deux sous-phases, il faudra reprendre la pièce entre mors pour exécuter la sous-phase 2. Or, il serait dommage de serrer une surface 7 déjà usinée avec des mors durs (en acier trempé) et de la marquer. Une technique consiste à utiliser des mors doux (en S235) et à les usiner au diamètre de la pièce, pour que le serrage se fasse sur la plus grande surface de mors possible, avec une matière « molle ». Ainsi, il est possible de serrer sur une face usinée sans la marquer : nous aurions d'ailleurs déjà dû le faire pour le premier exercice…

sous-phase n°1

opération	désignation	schéma	outils	p mm	V m/min	N t/min	f mm/t	A mm/min
1	chariotage écroûtage 5		à charioter dresser à droite	1	47	315	0,2	63
1	moletage 5		à moleter croisé module 2 (la surface moletée sera grossièrement mesurée au réglet)	0,5	12	63	0,2	12,6
2	perçage 9 ébauche longueur 50 mm		foret Ø 7 à queue cylindrique	3,5	44	1000	0,07	manuel

longueur de sortie du brut: 80 mm

Le foret à queue cylindrique sera monté dans un mandrin à cône morse, lui-même monté dans le fourreau de la poupée mobile, exactement comme un foret à centrer.
Le trou étant profond (plusieurs fois le diamètre), dégager le foret régulièrement (le sortir du trou) pour laisser tomber les copeaux,
Arroser lors du perçage. Longueur du trou: 50 mm.

Note: la largeur de copeau est égale au rayon pour l'avant trou, soit 3,5 mm. Pour le perçage suivant, il est égal à la différence des rayons. L'avance par tour est généralement prise au centième du diamètre. A noter que la vitesse théorique en Ø 7 serait d'environ 2000, valeur fausse: prendre Vc = 20 m/min pour les diamètres < 10 mm est préférable.

sous-phase n°1

opération	désignation	schéma	outils	p mm	V m/min	N t/min	f mm/t	A mm/min
3	perçage 9 ébauche		foret Ø 28 à queue cône morse	10,5	12	125	0,28	manuel

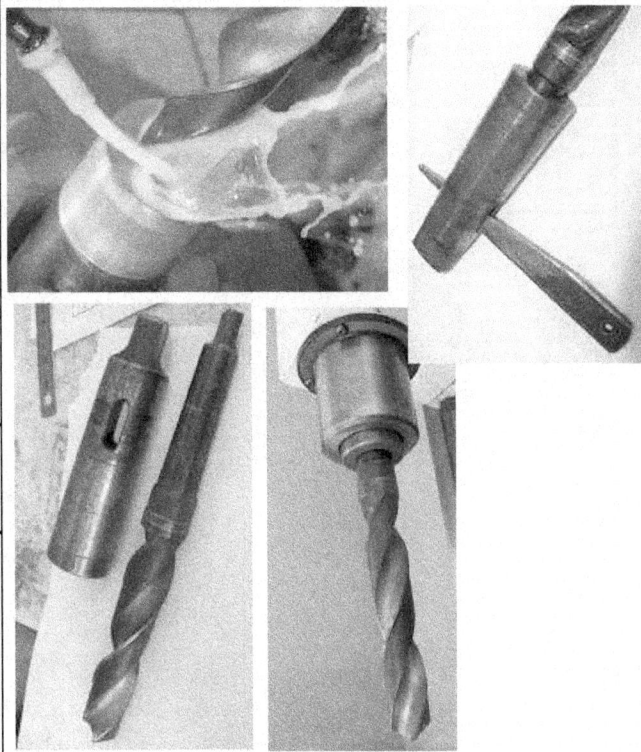

Sortir un peu le fourreau de la poupée mobile,
La queue conique du foret n'ayant pas la même dimension que la partie femelle du fourreau, choisir la douille intermédiaire la plus adaptée, la monter sur le foret puis monter le tout dans le fourreau d'un coup sec: si le fourreau est suffisamment sorti, le foret est bloqué,
Régler la vitesse de broche, approcher la poupée mobile de la pièce, freiner la poupée, mettre la broche en route, arroser le foret,
Percer jusqu'au fond du trou (au fond du trou, l'effort de pénétration augmente brusquement),
Reculer et sortir le foret, arrêter l'arrosage puis la broche, démonter l'outillage en reculant le fourreau, sortir le foret de sa douille à l'aide d'un chasse cône.

sous-phase n°1

opération	désignation	schéma	outils	p mm	V m/min	N t/min	f mm/t	A mm/min
4	montage outil à aléser							

Choisir le plus gros outil à aléser entrant dans le trou de la pièce et qui laisse encore 5 mm de libre derrière lui pour pouvoir le dégager.

Le monter sur la tourelle parallèlement à l'axe de broche, côté contre pointe et régler sa hauteur. A noter que sur la deuxième photo, bien que la hauteur d'arête d'outil soit bonne, le réglage est faux: le porte outil est au dessus de la tourelle. La troisième photo montre un bon réglage où l'outil est relevé avec une cale et le porte outil dans la tourelle. Bloquer le porte outil sur la tourelle.

Remettre l'outil côté pièce à usiner, le sortir de 50 mm du porte outil, serrer les vis de fixation d'outil.

Outil à aléser dresser

Outil à fileter d'intérieur

Outil à aléser

sous-phase n°1

opération	désignation	schéma	outils	p mm	V m/min	N t/min	f mm/t	A mm/min
5	alésage 9 longueur 40	 Régler les vitesses de broche et d'avance, Mettre la broche en route, entrer l'outil un peu à l'intérieur de trou, tangenter en X en reculant doucement le transversal, mettre le tambour à zéro, dégager l'outil en X puis en Z, Régler la profondeur de passe (X = + 1,2), tangenter en Z, mettre le tambour du traînard à zéro, embrayer l'avance automatique, débrayer avant Z= - 40, finir à la main, dégager l'outil en X - (doucement!) puis en Z, arrêter la broche.	à aléser	0,6	25	250	0,4	100
6	dressage finition 8		à charioter dresser coudé à droite	0,5	71	400	0,1	40

sous-phase n°1

opération	désignation	schéma	outils	p mm	V m/min	N t/min	f mm/t	A mm/min
7	chariotage finition 7 chanfreinage 6		à charioter dresser coudé à droite	2	60	315	0,1	31,5

Régler les vitesses de broche et d'avance,

Tangenter en X, mettre le tambour à zéro, dégager l'outil pour qu'il soit à droite de la pièce, régler une passe de 2 mm, tangenter ainsi en Z, mettre le tambour du traînard à zéro, embrayer l'avance automatique, finir la course de 12 mm en manuel (Z = - 12), dégager l'outil, arrêter la broche.

sous-phase n°1

opération	désignation	schéma	outils	p mm	V m/min	N t/min	f mm/t	A mm/min
8	alésage 11 ébauche							

Choisir un outil à aléser dresser dont le corps est le plus rigide possible, mais permettant encore à l'outil d'entrer dans l'alésage de diamètre 29,21 mm.
Monter l'outil sur la tourelle de telle manière que le corps d'outil soit parallèle à l'axe de la broche et sorte de 50 mm, régler la hauteur d'arête, bloquer, régler les vitesses de broche et d'avance,

Tangenter la surface 8 à l'outil, remettre les tambours du traînard et du chariot supérieur à zéro, tangenter la surface 9, remettre le tambour du transversal à zéro, dégager l'outil en X puis en Z (outil sorti de la pièce),

déplacer l'outil en X = 100 puis en Z = - 18,75 (l'outil et entre la pièce et l'usineur),

Mise en place d'une butée de traînard: desserrer l'écrou de blocage de la butée, la faire glisser contre le traînard, serrer l'écrou de blocage, reculer l'outil en Z = 0, mettre la broche en marche, embrayer, effectuer un déclenchement automatique et lire la cote obtenue, arrêter la broche, corriger la position de la butée, refaire un essai de déclenchement, arrêter la broche, contrôler la cote obtenue: elle doit être de -18,75.

sous-phase n°1

opération	désignation	schéma	outils	p mm	V m/min	N t/min	f mm/t	A mm/min
9	alésage 11 ébauche		à aléser dresser	1	45	500	0,1	50
10	alésage 11 ébauche		à aléser dresser	1	45	500	0,1	50
11	alésage 11 ébauche		à aléser dresser	1	45	500	0,1	50

Déplacer l'outil en Z = 10 et X = 0 mm, rattraper le jeu et régler la pénétration p (X = 2 mm), mettre la broche en route, embrayer l'avance automatique, laisser déclencher (surveiller tout de même!), dégager l'outil selon X-, sortir l'outil de l'alésage, arrêter la broche. Enlever les copeaux à l'intérieur. Refaire deux autres passes et remettre le tambour du transversal à zéro, dégager l'outil, mesurer le diamètre réel obtenu.

sous-phase n°1

opération	désignation	schéma	outils	p mm	V m/min	N t/min	f mm/t	A mm/min
12	alésage 11 dressage 10 finition		à aléser dresser	selon mesure	50	500	0,1	50
	Calculer la pénétration à régler pour obtenir le diamètre 36 mm. Régler la profondeur de passe, mettre en route et embrayer l'avance automatique. Au déclenchement, avancer l'outil dans l'alésage de 0,25 mm avec le chariot supérieur pour obtenir la profondeur de 19 mm puis dégager l'outil selon X (dressage 10) puis selon Z, arrêter la broche, contrôler.							
13	tronçonnage 1		à tronçonner R 16 q-30°	5	22	125	0,1	12,5

sous-phase n°2

opération	désignation	schéma	outils	p mm	V m/min	N t/min	f mm/t	A mm/min
1	usinage mors doux		à aléser	suivant diamètre rondelle	30	200	manuel	

Logement n°1

Bout de spirale

Enlever les mors durs en dévissant avec la clé de mandrin et préparer les mors doux dans l'ordre: ils sont numérotés 1, 2, 3.

Repérer sur le logement n°1 dans lequel il faudra monter le mors doux n°1. Tourner le mandrin à la main jusqu'à ce que le logement n°1 soit en position haute.

Faire tourner la spirale de serrage des mors avec la clé de mandrin et arrêter lorsque le bout de la spirale est devant le logement du mors (photo 3).

Insérer le premier mors puis tourner la clé de mandrin dans le sens du serrage, jusqu'à ce que le bout de la spirale soit devant le logement du mors n°2.

Monter ainsi les trois mors.

Serrer au fond des mors une rondelle de diamètre légèrement inférieur à celui de la pièce à serrer (< Ø 46 dans notre cas)

Aléser les mors au diamètre 46 sur une profondeur de 5 mm (profondeur suffisante pour le serrage en centrage court). Une ou plusieurs passes seront nécessaires selon diamètre rondelle. p totale =(46 - Ørondelle)/2. ne pas enlever plus de 1 mm au rayon par passe

Arrêter la broche et démonter la rondelle: les mors doux sont prêts.

sous-phase n°2

opération	désignation	schéma	outils	p mm	V m/min	N t/min	f mm/t	A mm/min
2	taraudage 9 finition	face 1 	à fileter d'intérieur ISO	2,02		20	3,5	70

Monter un outil à fileter d'intérieur parallèlement à l'axe de broche sur la tourelle porte outil, régler la hauteur et bloquer, régler la vitesse de broche au minimum (20 t/min), régler la boite des avances,

Faire tourner la broche et tangenter l'alésage 9 avec l'outil, remettre le tambour du transversal à zéro,

Embrayer la vis mère: l'outil doit avancer et légèrement marquer sur la pièce; arrêter la broche dès que l'outil est dans le vide, dégager l'outil au transversal, faire tourner la broche à l'envers, arrêter la broche lorsque l'outil est dehors,

Vérifier le pas au réglet (mesurer sur 5 pas: on doit trouver 17,5 mm),

Régler une profondeur de passe de 0,2 mm,

Faire tourner la broche dans le sens normal: l'outil avance et taille le filet, arrêter la broche dès que l'outil est dans le vide,

Dégager l'outil au transversal, faire tourner la broche à l'envers, arrêter la broche lorsque l'outil est dehors,

Reprendre une passe de 0,2 mm et recommencer,

Effectuer 9 passes pour une pénétration totale de 1,80 mm,

Faire une passe de demi- finition en pénétrant de 0,12 mm,

Faire une passe de finition en pénétrant de 0,10 mm,

Effectuer une dernière passe à vide et recommencer autant de fois que l'outil enlève encore du copeau, puis arrêter la broche. Essayer de visser la tige de vérin d'appui (appairage).

Attention: l'outil doit avoir assez de place pour être dégagé sans "talonner" (toucher la pièce à l'arrière). Sinon, le taraudage est détruit.

sous-phase n°2

opération	désignation	schéma	outils	p mm	V m/min	N t/min	f mm/t	A mm/min
3	chariotage finition 3 chanfreinage 4	face 1	à charioter dresser coudé à droite	2	60	315	0,1	31,5

Tangenter en X, remettre le tambour du transversal à zéro, déplacer l'outil à droite de la pièce,

Régler la profondeur de passe (2 mm),

Déplacer l'outil vers la gauche (Z−) et tangenter ainsi: un point de l'arête d'outil vient tangenter le coin de la pièce,

Mettre le tambour du traînard à zéro, embrayer l'avance automatique sur une longueur de 20 mm,

Dégager l'outil, arrêter la broche.

| 4 | chanfreinage 2 finition | | à charioter dresser coudé à droite | 1 | 75 | 500 | manuel | |

Ce dernier exercice vous propose de réaliser un pot de taille crayon avec son couvercle en utilisant un tour classique.

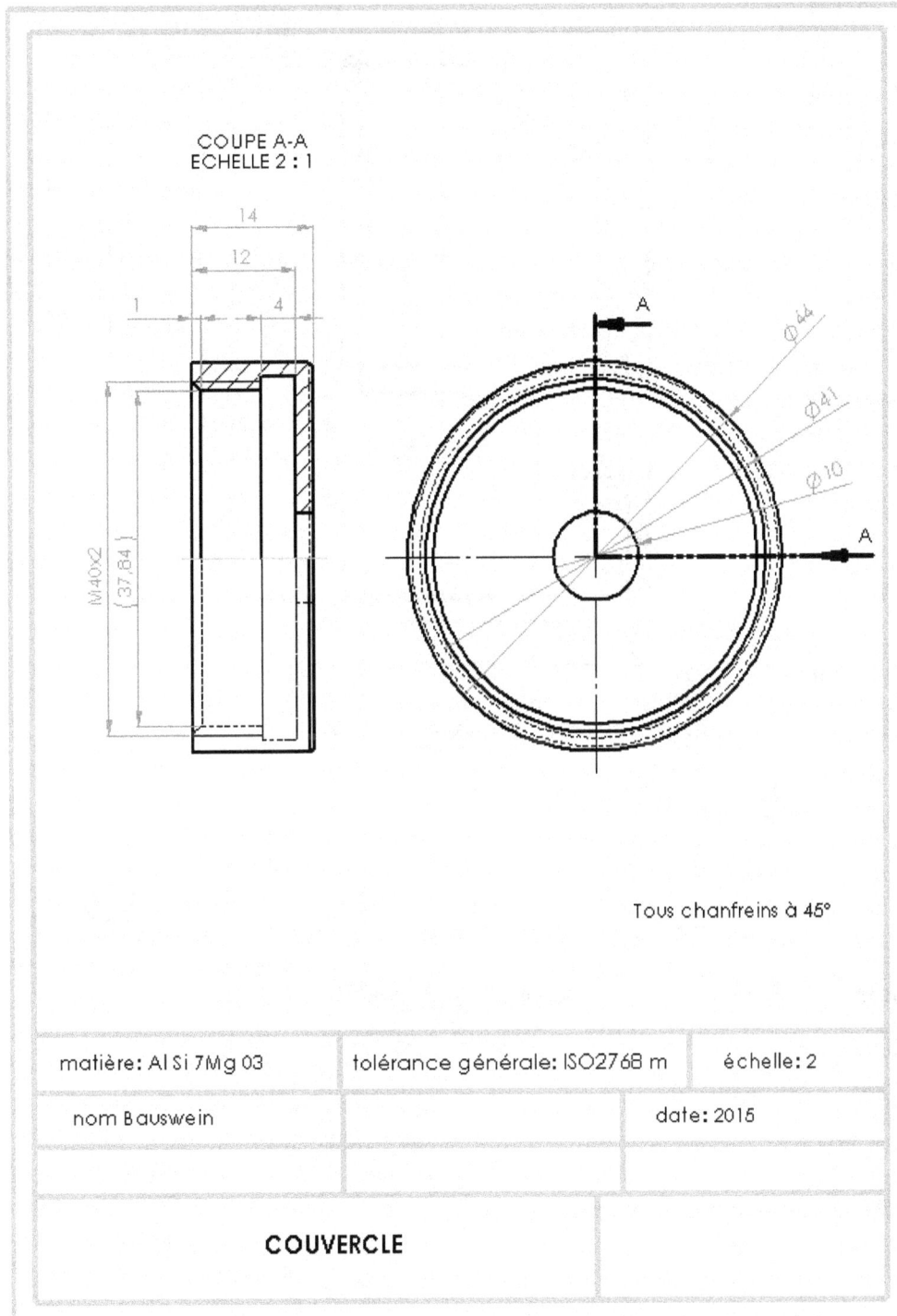

COUPE A-A
ECHELLE 2 : 1

14
12
1   4

M40x2 (37,84)

A

Ø44
Ø41
Ø10

A

Tous chanfreins à 45°

matière: Al Si 7Mg 03	tolérance générale: ISO2768 m	échelle: 2
nom Bauswein		date: 2015
COUVERCLE		

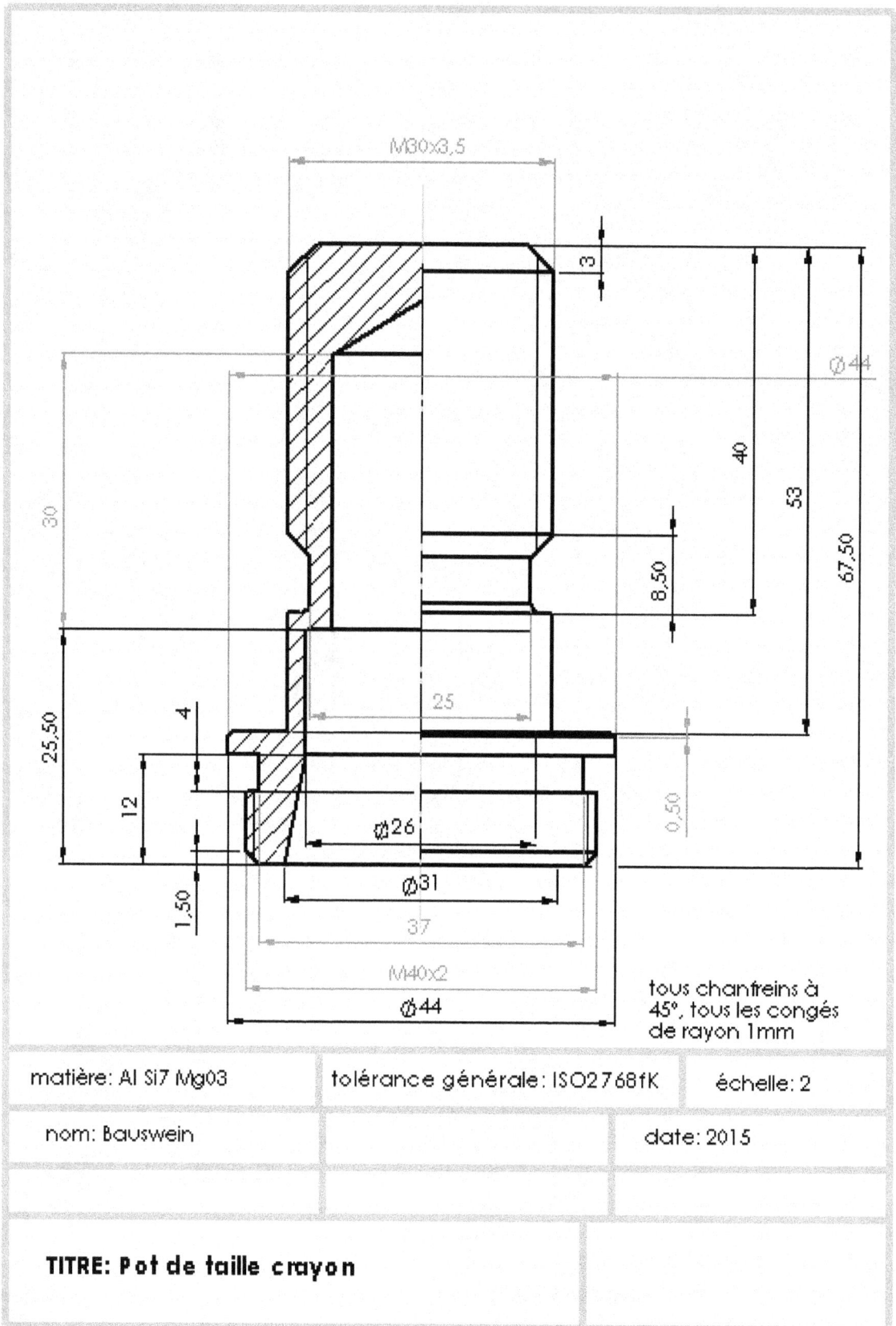

M30x3,5

3

Ø44

40

53

67,50

30

8,50

25

25,50

4

12

Ø26

1,50

Ø31

37

M40x2

Ø44

0,50

tous chanfreins à
45°, tous les congés
de rayon 1mm

matière: Al Si7 Mg03	tolérance générale: ISO2768fK	échelle: 2
nom: Bauswein		date: 2015

TITRE: Pot de taille crayon

Le pot.

L'analyse des sous-phases peut être menée à l'aide de la fiche technique des études de sous-phases page 37. Si votre travail est bien fait, vous devez aboutir à une première sous-phase de tournage extérieur puis une deuxième sous-phase de tournage intérieur.

Les schémas des feuilles d'instructions détaillées peuvent être faits avec l'aide de la fiche technique isostatisme page 71. A priori, le mandrin devrait suffire…

Le choix des outils se fera à l'aide de la fiche technique des opérations de tournage extérieur page 77. Les paramètres de coupe seront déterminés avec le chapitre 3 (attention à la constante de Denis : la pièce est en aluminium). Vous pouvez donc compléter les feuilles d'instructions détaillées :

				p mm	V m/min	N t/min	f mm/t	A mm/min
opération	désignation	schéma	outils					
Fiche technique: étude des sous-phases		Fiche technique Isostatisme	Fiche technique « opérations de tournage extérieur »	Chapitre « paramètres de coupe »				

sous-phase n° (titre de tableau)

Rassurez-vous : si vous avez fait les exercices du livre, vous avez tout pour réussir : pas besoin d'avoir « du bol » pour réussir le pot…

Le couvercle.

La même démarche vous permettra de fabriquer le couvercle qui est une pièce de décolletage. Une seule phase suffit. A la fin, il suffit de venir tronçonner le plat du couvercle.

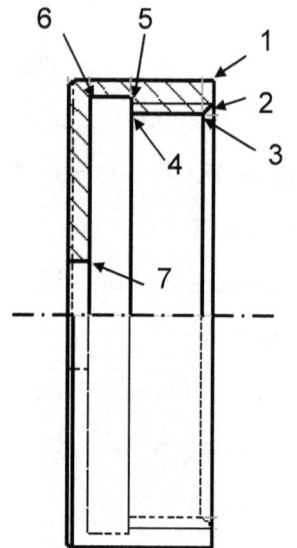

BIBLIOGRAPHIE

A. CHEVALIER et R. JOLYS, Tournage des métaux, Delagrave, 1972

A. CHEVALIER et E. LECOEUR, Analyse des travaux, Delagrave, 1959

A. CHEVALIER et J. BOHAN, Guide du technicien en productique, Hachette, 1998

SANDVIK, catalogues, http://www.sandvik.coromant.com/fr-fr/downloads/pages/search.aspx?q=Publications

Editions Yves Bauswein, 31, rue principale, 67330 Ernolsheim

Achevé d'imprimer par AMAZON Corp. (Etats-Unis) en mars 2018

Prix conseillé : 15 euros

Dépôt légal mars 2018

www.ingramcontent.com/pod-product-compliance
Lightning Source LLC
Chambersburg PA
CBHW051224200326
41519CB00025B/7244